大学物理实验

DAXUE WULI SHIYAN

王锋 赵慧霞 高雅 李平 李小芳 编

国防工業出版社

·北京·

内 容 简 介

本书共6章,分别为大学物理实验基础理论、常用仪器介绍、基础性实验、综合性实验、设计性实验、仿真模拟实验。每个实验都详细介绍了实验目的、实验设备和实验原理,部分实验还设立了思考题,让学生在实验操作之后联系理论知识和实验现象进行分析思考。

本书可作为普通高等独立院校各专业基础物理实验教材或教学参考书,共有32个实验项目,另外还系统、准确地介绍了常用仪器,让学生在预习的过程中客观地了解所用仪器的结构、性能以及注意事项。

图书在版编目(CIP)数据

大学物理实验/王锋等编. —北京:国防工业出版社,2025.1重印

ISBN 978-7-118-12186-5

Ⅰ.①大… Ⅱ.①王… Ⅲ.①物理学-实验-高等学校-教材 Ⅳ.①O4-33

中国版本图书馆CIP数据核字(2020)第163182号

※

国防工業出版社出版发行

(北京市海淀区紫竹院南路23号 邮政编码100048)

北京富博印刷有限公司印刷

新华书店经售

*

开本 787×1092 1/16 **印张** 11¼ **字数** 253千字

2025年1月第1版第6次印刷 **印数** 7201—9200册 **定价** 35.00元

(本书如有印装错误,我社负责调换)

国防书店:(010)88540777 书店传真:(010)88540776

发行业务:(010)88540717 发行传真:(010)88540762

PREFACE | 前言

大学物理实验是高等理工科大学生必修的一门实践性课程，与大学物理理论课程一样独立设课，为理工科大学生奠定了实验基础。

本书是编者为了响应国家的政策，根据我院的教学理念，面向普通高等院校，特别是以培养应用技术型人才为目标的独立院校，结合编者多年的教学经验和对实验设备的研究编写而成的。在编写的过程中，编者参考了很多优秀的实验教材，特别是一些适合民办院校的优秀教材。努力做到实验要求明确，内容充实，仪器设备介绍清晰，注意事项描述精准，实验数据表格绘制得当等细节，注重从细节上科学地提升学生的实践能力。

本书可作为普通高等独立院校各专业的大学物理实验教材或教学参考书，全书共6章，其中包括32个实验项目和常用仪器的介绍。参与本书编写工作的有王锋（负责部分综合性实验的编写）、赵慧霞（主要负责编写第1章大学物理实验基础理论和部分光学实验）、高雅（主要编写电学和热学的常用仪器介绍，并参与了相关实验的编写）、李平（主要编写力学和光学常用仪器介绍并参与部分综合性实验的编写）、李小芳（参与了部分设计性实验的编写）。

在本书编写的过程中，特别要感谢王锋教授对我们的指导、参与和鼓励，为编者提供了一些好的创意，并提出了许多中肯的建议和修改意见。更要感谢院领导的关心和支持，让我们有机会编写一本适合我院学生的实验教材。同时还要感谢理学教研室主任薛维顺老师及部门所有同事的支持。

实验教学的探索是一个科学的、永无止境的探索任务，所以本教材的编写也需要不断改进、完善。由于大学物理实验内容较为丰富，涉及的实验项目及其设备不断在更新，理论知识点较多，限于编者水平，本书中还存在一些不足，恳请读者指正。

编者

2020年2月6日

CONTENTS 目录

第 1 章
大学物理实验基础理论

1.1 绪　　论

1. 物理实验的意义

物理学本身是一门实验科学,它是以观察、实验为基础,它的规律都是通过对生活中的一些现象观察和在实验的基础上,认真思考总结得来的。同时,物理学本身是一门以实验为基础的学科。物理学是自然科学和工程技术的基础。对于理工科院校来说,基本的实验素养、必要的科学知识获取能力非常重要,而大学物理实验就是全面的、有针对性地对理工科学生进行系统的、科学的训练。基础实验课将培养学生在攀登科学技术高峰的能力方面打下坚实的基础,为学生在今后的科研和工作中更好地发挥作用。对于物理学的研究方法,通常是在实验和观察的基础上,对实验现象进行理性的分析、归纳和概括,并通过计算分析找出各测量量之间的关系,从而建立物理定律,进而形成物理理论,再不断地回到实验中进行有力的检验。因此,物理实验是物理学理论的基础,它是理论正确与否的"试金石"。

高科技是知识与技术的综合,而高科技的竞争最终是人才的竞争。培养高质量的应用型人才是当今社会共同面临的问题,他们需要既有丰富理论知识,又有实验技能。故而人们越来越认识到在理工科院校对学生进行基础物理实验训练的重要性,也就是说明了"大学物理实验"和"大学物理"两门课程具有同等重要的地位。大学物理理论课是进行物理实验必要的基础,在物理实验课过程中,通过理论的运用与现象的观测分析,既很好地锻炼学生的动手能力和操作思维,又可进一步加深对物理理论的理解。所以,大学物理实验对于理工科院校培养应用和科研型人才具有非常重要的作用。

2. 物理实验课程的目的与任务

物理实验课是对理工科院校学生进行科学实验基本训练的基础课程。它将使学生得到系统实验方法和实验技能的训练,了解科学实验的主要过程和基本方法,为以后的科学实验活动奠定初步基础。同时,它的思想方法、数学方法及分析问题与解决问题的方法也将对学生智力发展大有裨益。整个教学活动的进行也将有助于学生的作风、态度及品德的培养和素质的提高。

物理实验课程的具体任务如下:

(1) 通过对实验现象的观测分析,学习物理实验知识,加深对物理学原理的理解。

(2) 培养与提高学生的科学实验能力,其中包括:①自行阅读实验教材,做好实验前的准备;②熟悉常用仪器的原理与性能,正确使用常用仪器;③正确测量、记录与处理实验数据,撰写合格的实验报告;④运用物理学理论知识对实验现象和结果进行分析与判断;⑤能够完成简单的设计性实验。

(3) 培养与提高学生的科学实验素养。要求学生具备理论联系实际和实事求是的学习作风,严肃认真的工作态度,主动研究的探索精神和遵守纪律、爱护公物的优良品德。

3. 怎样做好物理实验

1) 物理实验课的三个重要环节

(1) 预习:做实验的准备工作。首先通过阅读实验教材明确本次实验要达到的目的,以此为出发点,弄清实验依据的理论,采用的实验方法;搞清控制实验过程的关键与必要的实验条件;明确实验内容和步骤;知道应如何选择、安排和调整仪器;预料实验过程中可能出现的问题等。在此基础上写出实验预习报告。

(2) 实验环节:①认真听讲,进一步明确实验原理和条件,弄懂为何如此安排实验、如此规定操作步骤,观察教师如何使用仪器,清楚实验中的注意事项;②认真调节好仪器,仔细观察实验现象,准确测量实验数据;③正确设计数据表格,正确判断数据的科学性,如实地、清楚地记录下全部原始实验数据和必要的环境条件、仪器的名称、型号与规格、实验现象等。

实验环节是物理实验课的中心,内容丰富而生动。要求学生主动研究、积极探索,充分地发挥主观能动性,这样才能获得良好的效果。

(3) 实验报告:实验结果的文字报道,是实验过程的总结。写好实验报告要求掌握正确的数据处理方法;有根据地进行误差分析;正确地表示出测量结果,以及对结果做出合乎实际的说明与讨论并回答思考题等。

书写出一份字迹清楚、版面整洁、文理通顺、图表正确、数据完备、结果明确的实验报告是对学生的基本要求。

2) 严格基本训练,培养实验技能

扎实的基础实验训练是成才的基本功。“冰冻三尺,非一日之寒。”系统严格的训练凝结在每次实验的每个环节、每个步骤之中,实验中应多观察、多动手、多分析、多判断,反对机械操作、反对侥幸心理、反对盲目地进行实验。

实验不能仅满足于测量几个数据,要充分利用实践机会来培养自己的动手能力,通过重复实验、改变实验条件或参量数值或对比分析判断测量结果的正确性。当遇到困难或数据超差时,不要一味埋怨仪器不好或简单重做一遍或产生急躁心理,要认真分析,找出原因,纠正错误,把实验做好。

物理实验课中要做的实验大都是经典的传统实验,集中了许多科学实验的训练内容,每个实验都包括一些具有普遍意义的实验知识、实验方法和实验技能。实验以后,应进行必要的归纳总结,提高自己驾驭知识的能力。例如,归纳出不同实验中体现出来的基本实验方法,如比较法、放大法、补偿法、模拟法及转换测量法,或结合对每个实验的分析,讨论及对思考题的探讨,搞清某种实验方法在具体运用时的优点及条件等。

4. 怎样写实验报告

为更好地达到教学目的,完成教学任务,将实验报告分为预习报告、实验记录和课后报告三部分。实验报告一律要求用统一的实验报告纸书写。

1) 预习报告

预习报告的内容包括实验名称、实验目的、实验原理(简要的实验理论依据、实验方法、主要计算公式及公式中各量的意义、关键的电路图、光路图和实验装置示意图、注意事项等)、实验步骤(扼要地说明实验的内容、关键步骤及操作要点)、数据表格、预习思考题,预习报告在上课前交教师审阅,经教师认可后方可做实验。

2) 实验记录

实验记录在实验课上完成,包括以下内容:

(1) 记录主要实验仪器的编号和型号规格。记录仪器编号是一个好的工作习惯,便于以后必要时对实验进行复查。

(2) 实验内容与观测记录实验现象。

(3) 实验数据。数据记录应做到整洁清晰而有条理,最好采用列表法。在标题栏内要注明单位。数据不得任意涂改。确实测错而无用的数据,可在旁边注明“作废”字样,不要任意划去。

实验结果出来后要让教师签字认可,方可将仪器整理还原。

3) 课后报告

(1) 数据处理:包括计算公式,简单计算过程,作图,不确定度估算,最后测量结果等。

(2) 完成教师指定的思考。

(3) 附注:对实验中出现的问题进行说明和讨论,以及实验心得或建议等。

预习报告、实验记录和课后报告构成一份完整的实验报告。

5. 遵守实验室规则

为保证实验正常进行,以及培养严肃认真的学习作风和良好的实验工作习惯,学生应遵守以下实验规则:

(1) 实验前必须认真预习实验内容,明确实验目的、原理、实验步骤及注意事项等。

(2) 严格按照实验分组进行实验,不得擅自调整分组。按照规定时间上课,不得迟到、早退。因故不能做实验者应向指导教师请假。

(3) 进入实验室,必须着装整洁;禁止将食品带入实验室;不得喧哗或打闹;不准吸烟,不准随地吐痰和乱丢杂物;必须自觉服从管理,严格遵守实验室的各项规章制度和规定。

(4) 实验前检查所需仪器、用具,如有缺损,应立即向指导教师报告,严禁擅自搬弄仪器。经指导教师或实验技术人员允许后,方可开始实验。

(5) 实验中应严格遵守实验步骤和操作规程,认真做好实验记录。仪器设备发生不正常现象时,应及时报告指导教师或实验技术人员。

(6) 实验室上机,必须严格遵守国家有关法律、法规和条例,严禁玩游戏以及观看反动、黄色内容的软件与电子出版物。

(7) 使用电源时,严禁带电接线或拆线,务必经过教师检查线路后才能接通电源,实验后要切断电源。

(8) 实验后,学生应将仪器整理还原,桌椅收拾整齐,经教师检查数据和仪器还原情况并同意后,方可离开实验室,实验室中任何仪器用具不得带出实验室。实验后要独立完成实验报告并按时交回。

(9) 损坏仪器、工具者应说明原因,填写实验室仪器设备损失赔偿登记表,并依照《实验室仪器设备损坏、丢失赔偿办法》赔偿损失。情节严重者,按校纪校规进行处理。

(10) 本规则由指导教师和实验技术人员督促学生严格执行,对不遵守本规则的学生,指导教师可责令其停止实验。

1.2 测量与误差

在科学技术高速发展的现代社会中,人类已经进入瞬息万变的信息时代,人们在从事工业生产和科学实验的活动中,主要依靠对信息资源的开发、获取、传输和处理。信息采集的主要含义就是测量,取得测量数据。而大学物理实验就是一门以测量为主的课程,大部分的测量任务是正确及时地掌握各类信息,大多数情况下是要获取被测对象的信息大小,即被测量的大小。测量的可靠性至关重要,不同实验对不同测量结果的要求也不同,大部分的测量都要求有足够的准确性,而只要涉及测量必然有误差。本节主要介绍测量误差和实验数据处理的一些基础知识,这些知识是进行科学实验时必需的。

通过改善测量方法、测量条件来减少误差的值,但不能完全消除误差。本书通过引用所需的相关的基本概念、计算公式和有关的推导结论,目的在于希望学生在物理实验过程中,通过实际计算逐步理解测量结果的真值及其误差的物理意义。

1. 测量的基本概念

测量是指为确定待测量的量值而进行的待测量与测量仪器之间的比较的实验过程。例如,测量一支铅笔的直径,可以用千分尺与铅笔的直径进行比较而得其量值的过程。

测量的目的是获得被测量的真值。

真值是在一定的时间和空间环境条件下,被测量本身所具有的真实数值,一般用 A 表示。

测量值必须包括数值和单位,如用游标卡尺测量书本的厚度,测量数据为 1.24cm。

测量误差是测量值与真实值之间的差值,它反映了测量质量的好坏。

测量误差:

$$\Delta x = x - A \tag{1-2-1}$$

注:所有测量结果都带有误差。

一般情况下,测量可分为以下两大类。

(1) 直接测量:将被测量与标准仪器进行直接的比较,不必对与被测量有函数关系的其他量进行测量。例如,用秒表记录时间、用天平称物体的质量等。

(2) 间接测量：通过由若干可直接测量的量与被测量的函数关系来计算而得到其量值的过程。例如，需测一个长方体的体积，需先测量其长、宽、高，然后通过其体积计算公式 $V = a \cdot b \cdot c$，计算出该长方体体积的实验过程。

本章主要是通过分析测量过程中可能产生的误差来源，通过调整实验条件及仪器设备的状态来减少可能会产生的误差，并通过数据分析对测量结果中未能消除的误差做出估算等，这些工作在科学实验中是非常重要的。因此，必须了解误差的基本概念、主要误差的基本特性和对误差范围进行估计的初步知识。

2. 误差的主要来源

(1) 设备误差：由于测量所用仪器设备附件的设计、制造、检定等不完善，以及仪器使用过程中老化、磨损等因素而使仪器带有的误差。

(2) 环境误差：由于测量过程中周围环境状况（温度、湿度、振动、电源电压、电磁场等）与测量要求的标准状态不一致所引起的误差。

(3) 人员误差：由于测量时没有将仪器调整到正确使用状态，或测量人员感官的分辨能力、反应速度、视觉疲劳、固有习惯、缺乏责任心等原因，而在测量中使用操作不当、现象判断出错或数据读数缺失而造成的误差。

(4) 理论和方法误差：由于测量原理、近似公式、测量方法不合理而造成的误差。

(5) 测量对象变化误差：由于在测量的过程中被测量真值有所变化，会产生动态的误差。

3. 误差的表示方法

1) 绝对误差

绝对误差为该量的测量值与其客观真实值之差，即

$$\Delta = |X - X_0| \tag{1-2-2}$$

式中：X_0 为真值，是一个理想的概念，一般说的真值是指理论真值、相对真值或规定真值，是在测量时该量本身客观存在的真实量值；X 为测量结果。

注：(1) 由于任何事物都处在发展变化之中，式(1-2-2)中之真值应是该量被测时它所具有的真值。

(2) 在测量过程中，被测量的真值往往受测量仪器的作用而发生变化，这种变化有时不容忽视，应设法避免。

(3) 使用绝对误差表示测量误差，不能很好地说明测量质量的好坏。

2) 相对误差

为便于描述和比较不同测量结果的准确程度而引用相对误差概念，其定义为

$$E = \frac{\Delta}{X_0} \times 100\% = \frac{|X - X_0|}{X_0} \times 100\% \tag{1-2-3}$$

式中：E 为相对误差，一般用百分数形式表示；X_0 为真值；X 为测量结果；Δ 为绝对误差。

注：由于被测量的真实值无法知道，实际测量时用测量值代替真实值进行计算，即相对误差也称为标称相对误差。

3）引用误差

引用误差是一种简化的相对误差，常用于仪表类仪器设备，表示其准确程度的等级。其义为仪器示值的绝对误差与其测量范围的上限值（或量程）之比值，以百分数形式表示。例如，大学物理实验室中所设“改装电流表”实验，改装后的量程为1A，计算得到的绝对误差为0.02A，则改装后的电流表的引用误差为

$$\frac{0.02\text{A}}{1\text{A}} \times 100\% = 2\%$$

4. 误差的分类

根据误差的性质，可将误差分为系统误差、随机误差和粗大误差三大类

1）系统误差

在偏离规定的测量条件下多次重复测量同一量时，误差的绝对值和符号保持恒定，或在该测量条件改变时按某一确定规律变化的误差，统称为系统误差。系统误差决定测量的正确程度，与测量次数无关。

已定系统误差符号与绝对值已知，可通过修正消除；未定系统误差符号与绝对值未知，实验过程中应设法估算该误差的范围。

系统误差产生原因有仪器本身的缺陷、测量人员的不良习惯、测量环境的影响、测量方法不完善等。

2）随机误差

在相同的实际测量条件下，等精度地多次重复测量同一被测量时，由偶然的不确定因素造成每次测量数值发生无规则的涨落，随机误差的绝对值和符号以不可预知的方式变化。随机误差决定了测量结果的精密度。

随机误差产生原因是对测量值影响微小但互不相关的因素综合造成的。例如，仪器设备性能和测量者的感官分辨力统计涨落，环境条件的微小波动，测量对象本身的不确定性。

随机误差不能完全消除，只能根据其固有规律用多次测量的方式来减少。

3）粗大误差

超出规定条件下之预期范围，与测量结果有明显偏差的误差称为粗大误差，简称为粗差。

粗大误差产生原因是测量者操作、记录数据等时候出现粗心大意，或环境的突变。

经过数据分析，如发现某数据确实属于粗大误差，需剔除。

5. 削弱或消除系统误差的方法

1）从产生系统误差的根源上消除系统误差

（1）测量原理和测量方法尽量做到正确、严格；

（2）测量仪器定期检测和校准，正确使用仪器；

（3）注意周围环境对测量的影响，特别是温度对电子测量的影响较大。

2）采用一些专门的测量方法

（1）代替法；

（2）交换法；

（3）对称测量法；

（4）减小周期性系统误差的半周期法。

6. 测量结果的表征

常用精密度、正确度、准确度和不确定度描述测量结果的好坏。

精密度表示测量结果中随机误差的大小，即指在规定条件下对被测量进行多次测量时，数据的分散程度。精密度越高，随机误差越小，即测量值与实际值符合的程度越高。精密度不能确定系统误差的大小。

正确度反映测量结果中系统误差的大小。系统误差越小，测量结果越准确。但是，正确度不能确定数据分散的情况，即不能反映随机误差的大小。

准确度反映测量结果中系统误差与随机误差综合的大小，表示测量值与被测量的“真值”之间的一致程度，也称为精确度。准确度高是指测量结果既精密又正确。

以射击打靶的弹着点分布为例，精密度、正确度和准确度示意如图 1-2-1 所示。

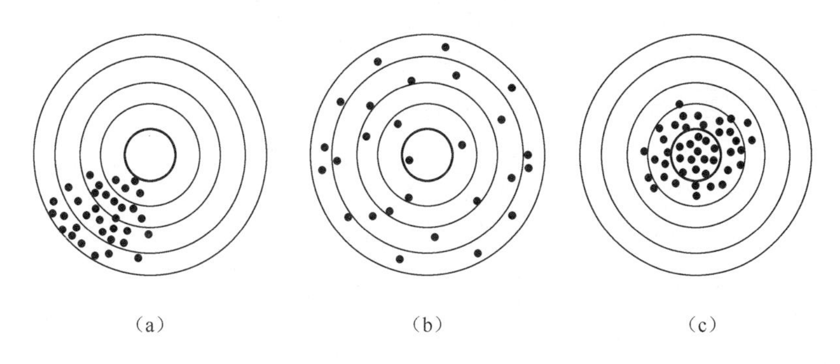

图 1-2-1　精密度、正确度和准确度示意图

(a)精密度高，正确度低；(b)正确度高，精密度低；(c)精密度和正确度均高。

不确定度反映由于误差值的存在，对被测量值不能肯定的程度，即被测量的真值所处量值范围的评定。通常用测量结果附近的一个范围表示，如被测量 $y=\bar{y}\pm\sigma_y$，表示被测量的真值在($\bar{y}-\sigma_y,\bar{y}+\sigma_y$)的范围内。不确定度和误差是两个不同的概念，误差是指测量值与真值之间的差值，　般由于真值未知而无法确定。而不确定度可以通过分析计算。

1.3　随机误差的统计处理方法

1. 随机误差的分布

在介绍误差分布之前，先引入等精度测量的概念。等精度测量分为等精度重复测量和等精度多次测量。等精度重复测量是指对某一物理量进行多次重复测量，而且每次测量的条件都相同（同一测量者，同一组仪器，同一种试验方法，温度和湿度也都相同），并且在短时间内进行的测量。等精度多次测量是指对某一物理量进行多次重复测量，只要有一个条件发生了变化，都称为等精度多次测量。

在实验中，对于单次测量而言，随机误差是多项随机因素综合而成的结果，没有确定的规律的，随机误差的符号和大小也都不能预知，也不能完全消除，只能根据固有的规律来计算分析。

对于等精度条件下，同一被测量多次重复测量时，这些测量值的随机误差是按一定的统计规律分布的。当测量次数足够多时，其中有许多近似地服从正态分布。正态分布概率密度函数的表达式为

$$f(\varepsilon)=\frac{1}{\sqrt{2\pi\sigma}}e^{-\frac{\varepsilon}{2\sigma^2}} \tag{1-3-1}$$

图 1-3-1 是正态分布曲线。该曲线的横坐标为误差 ε，纵坐标 $f(\varepsilon)$ 为误差分布的概率密度函数。$f(\varepsilon)$ 的物理含义是在误差值 ε 附近，单位误差间隔内误差出现的概率。曲线下的面积元 $f(\varepsilon)\mathrm{d}\varepsilon$ 表示误差出现在 $\varepsilon \sim \mathrm{d}\varepsilon$ 区间内的概率。按照概率理论，误差 ε 出现在区间 $(-\infty,\infty)$ 范围内是必然的，概率为 1，即

$$\int_{-\infty}^{\infty} f(\varepsilon)\mathrm{d}\varepsilon = 1 \tag{1-3-2}$$

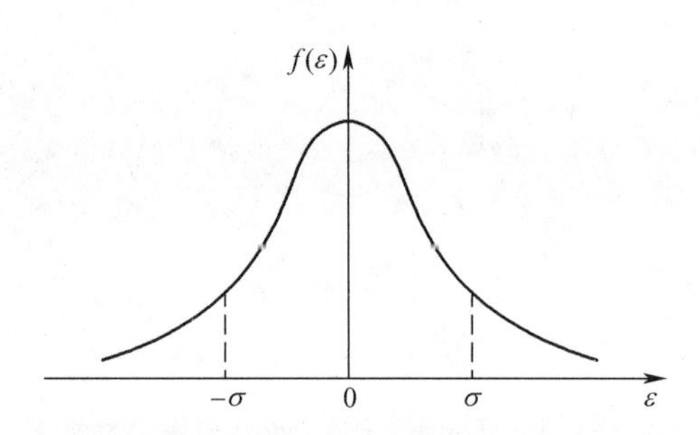

图 1-3-1　正态分布曲线

根据概率论推算可得

$$P_1=\int_{-\sigma}^{\sigma} f(\varepsilon)\mathrm{d}\varepsilon \approx 0.683 = 68.3\% \tag{1-3-3}$$

式(1-3-3)表示在某次测量数据中，有 68.3%的数据测值误差落在 $[-\sigma,\sigma]$。

在此，引入置信区间的概念，置信区间是指由样本统计量所构造的总体参数的估计区间。在统计学中，一个概率样本的置信区间是对这个样本的某个总体参数的区间估计。置信区间展现的是这个参数的真实值有一定概率落在测量结果周围的程度。置信区间给出的是被测量参数的测量值可信程度，即前面所要求的“一定概率”，这个概率称为置信水平。

P_1 称为置信水平，$[-\sigma,\sigma]$ 就是 68.3%的置信水平所对应的置信区间。

同理，可得

$$P_2=\int_{-2\sigma}^{2\sigma} f(\varepsilon)\mathrm{d}\varepsilon \approx 0.955 = 95.5\% \tag{1-3-4}$$

$$P_3=\int_{-3\sigma}^{3\sigma} f(\varepsilon)\mathrm{d}\varepsilon \approx 0.997 = 99.7\% \tag{1-3-5}$$

P_2、P_3 分别表示测量中的某次数据测值误差落在$[-2\sigma,2\sigma]$和落在$[-3\sigma,3\sigma]$区间的置信水平分别为 95.5%和 99.7%。一般情况下,置信区间可用$[-k\sigma\ ,k\sigma\ ]$表示,k 为包含因子。对于一个测量结果,只要给出置信区间和相应的置信水平,就表达了测量结果的精密度。

图 1-3-2 为误差值 σ 的物理意义示意图。如图所示,由概率理论可以证明,σ 就是标准差。在正态分布的情况下,由图(1-3-1)中可见,当 $\varepsilon=0$ 时,$f(0)=\dfrac{1}{\sqrt{2\pi}\sigma}$,因此,$\sigma$ 值越小,$f(0)$ 值越大。因为曲线与横坐标轴包围的面积总等于 1,所以曲线峰值高,两侧越窄,两侧下降就较快。这说明测量值的离散性小,测量的精密度高。反之,σ 越大,$f(0)$ 值就越小,则测量的精密度低。这两种情况的正态分布曲线如图 1-3-2 所示。

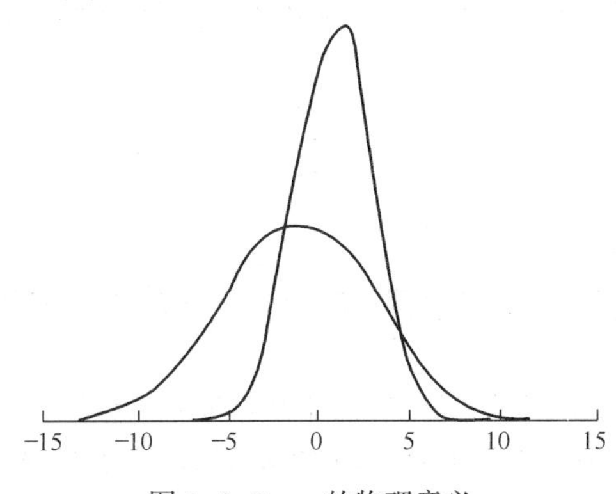

图 1-3-2　σ 的物理意义

这种正态分布的主要特点如下:

(1) 单峰性:绝对值小的误差出现的机会比绝对值大的误差出现的机会多。在正常情况下绝对值很大的误差几乎不会出现。

(2) 有界性:绝对值不会超出一定范围。

(3) 对称性:测量次数很大时,正、负误差出现的机会几乎相等。因此对一个稳定的被测量多次重复测量取其算术平均值时,这类随机误差将彼此大致相消。

2. 测量结果误差评估及评定方法

对某一物理量 X 进行 n 次测量,测量结果为 $x_1,x_2,x_3,\cdots,x_n$,每次测量的误差为 $\varepsilon_1,\varepsilon_2,\varepsilon_3,\cdots,\varepsilon_n$,其真值为 a,则有

$$(x_1-a)+(x_2-a)+(x_3-a)+\cdots+(x_n-a)=\varepsilon_1+\varepsilon_2+\varepsilon_3+\cdots+\varepsilon_n$$

整理可得

$$\frac{1}{n}(x_1+x_2+x_3+\cdots+x_n)-a=\frac{1}{n}(\varepsilon_1+\varepsilon_2+\varepsilon_3+\cdots+\varepsilon_n)$$

1) 算术平均值

$$\bar{x}=\frac{1}{n}\sum_{i=1}^{n}x_i \tag{1-3-6}$$

在实验中随机误差不可避免,一般用算术平均值作真值的估算值。但不能反映各次

测量值的分散程度。需要用标准偏差来评价各测量值的分散程度。

2）标准偏差

具有随机误差的测量值是分散的,对分散情况的定量表示标准偏差,它的定义式为

$$S=\sqrt{\frac{\sum_{i=1}^{n}(x_i-\bar{x})^2}{n-1}} \tag{1-3-7}$$

式中,$x_i-\bar{x}$ 为残差;n 为测量次数。

标准偏差一般适用于等精度多次测量,标准偏差小的测量值表示分散范围集中,即测量值偏离真值的可能性小,测量值的可靠性较高。

3）算术平均值的标准偏差

由于测量值的随机性很大,使得算术平均值也必然存在随机误差,其大小程度用算术平均值的标准偏差表示为

$$\bar{S}_x=\frac{S}{\sqrt{n}}=\sqrt{\frac{\sum_{i=1}^{n}(x_i-\bar{x})^2}{n(n-1)}} \tag{1-3-8}$$

算术平均值的标准偏差的计算方法一般适用于等精度重复测量。

4）粗大误差

由于实验中可能使用了错误的公式、仪器操作失误或读数出错等原因,超出规定条件下之预期范围,与测量结果有明显偏差,这些数据是错误的,应该剔除掉。判别异常值的方法有多种,本书仅介绍格拉布斯(Grubbs)准则,判断步骤:首先求算数平均值;其次求得残差和标准偏差;然后在求出全组测值的各个残差和标准偏差 S 的基础上挑选出其中绝对值最大的残差,设为 $|x_i-\bar{x}|$;最后根据选定的 α 值和这组测值的个数 n(重复测量的次数 n)从表 1-3-1 中查出相应的格拉布斯系数 $G_\alpha(n)$ 的值。

若 $|x_i-\bar{x}|$ 满足不等式

$$|x_i-\bar{x}|>G_\alpha(n)S \tag{1-3-9}$$

则与这个 $|x_i-\bar{x}|$ 值对应的测值 x 为粗大误差,应该剔除。

表 1-3-1　$\alpha=0.01$ 时的 $G_\alpha(n)$ 值对照

n	$G_\alpha(n)$	n	$G_\alpha(n)$	n	$G_\alpha(n)$	n	$G_\alpha(n)$	n	$G_\alpha(n)$
3	1.15	8	2.22	13	2.61	18	2.82	23	2.96
4	1.49	9	2.32	14	2.66	19	2.85	24	2.99
5	1.75	10	2.41	15	2.70	20	2.88	25	3.01
6	1.91	11	2.48	16	2.74	21	2.91	30	3.10
7	2.10	12	2.55	17	2.78	22	2.94	40	3.24

1.4　直接测量的误差估算

1. 等精度直接测量的误差估算

对某一物理量 X 进行了 n 次测量,测量结果为 $x_1,x_2,x_3,\cdots,x_n$,对该物理量 X 进行数据处理步骤如下:

(1) 该组测量数据的算术平均值:

$$\bar{x}=\frac{1}{n}\sum_{i=1}^{n}x_i \tag{1-4-1}$$

(2) 该组数据中各数据的残差:

$$\Delta x_i=x_i-\bar{x} \tag{1-4-2}$$

(3) 标准偏差的估计值:

$$S=\sqrt{\frac{\sum_{i=1}^{n}(x_i-\bar{x})^2}{n-1}} \tag{1-4-3}$$

一般 S 值保留一位非准确值,最多保留两位非准确值。

(4) 平均值的标准偏差:

$$S_{\bar{x}}=S/\sqrt{n} \tag{1-4-4}$$

(5) 检查是否含有已定系统误差,若有,则找出来并修正测量结果,根据公式 $|x_i-\bar{x}|>G_{\alpha}(n)S$ 判断是否存在粗大误差,一经发现粗大误差,则予以剔除,并根据剩余的测值重算 $\bar{x}$、Δx、S 等值。直到检测不出粗大误差为止。

(6) 测量仪器的误差 $\Delta_{仪}$:仪表器具的示值误差数据一般由生产厂家参照国家标准规定的计量仪表、器具的准确度等级或允许误差范围给出。直接测量结果的 B 类不确定度分量 u 可近似地用下式计算:

$$u=\Delta_{仪}/\sqrt{3} \tag{1-4-5}$$

根据仪器分类不同,$\Delta_{仪}$ 的估算方法也不同,具体估算方法如下:

$$\Delta_{仪}=\begin{cases}\frac{1}{2}\text{最小分度值} & (\text{米尺类})\\ \text{最小分度值} & (\text{卡尺类})\\ \text{所用量程}\times\text{级别}\% & (\text{仪表类})\end{cases} \tag{1-4-6}$$

例如,用普通厘米刻度尺测量时,因为最小分度值为 1mm,所以其仪器误差值 $u=\frac{0.5\text{mm}}{\sqrt{3}}$;用 50 分度的游标卡尺测量小方块的长度,其仪器误差值 $u=\frac{0.02\text{mm}}{\sqrt{3}}$;用级别为 0.25 的毫安表测量数据,其量程选择 10mA,则其仪器误差值 $u=\frac{10\times 0.25\%}{\sqrt{3}}$。

在此,u 是估计值,u 的非准确值一般只保留一位。一般情况下,直接测量数据处理的结果有效数字位数要与测量值位数对齐。

(1) 测量结果的总不确定度:

$$\sigma = \sqrt{S_x^2 + u^2} \tag{1-4-7}$$

$$\sigma = \sqrt{S_{\bar{x}}^2 + u^2} \tag{1-4-8}$$

σ 值保留一位或两位非准确值。

(2) 测量结果的真值:

$$X = \bar{x} \pm \sigma \tag{1-4-9}$$

$\bar{x}$ 与 σ 有效数字的末位一般应对齐。式(1-4-9)的物理意义表示该被测量的真值 X 处在区间$[\bar{x} - \sigma, \bar{x} + \sigma]$内的概率约为 0.68。

2. 单次测量结果的表达法

在很多情况下,对某些待测量往往只需测一次,于是就以该次的测量值 x 表示该被测量 X 的量值,其不确定度 σ 就用仪器误差值来估算,则

$$\sigma \approx u = \Delta_{仪} / \sqrt{3} \tag{1-4-10}$$

3. 间接测量误差分析和不确定度的评估

在实验项目中,有很多物理量不能利用仪器直接测量,而是需要通过测量与其有函数关系的其他物理量来进行计算,这样的测量过程称为间接测量。间接测量的数据处理及误差分析需要通过与之有函数关系的直接测量量的误差来计算。

间接测量量 Y 与多个彼此独立的可直接测量量 x、y、z 的函数关系式为 $Y = f(x,y,z,\cdots)$,需先将各个直接测量量测出,并通过直接测量数据误差分析法计算出其不确定度:

$$x = \bar{x} \pm \sigma_x, y = \bar{y} \pm \sigma_y, z = \bar{z} \pm \sigma_z, \cdots \tag{1-4-11}$$

则间接测量量 Y 的不确定度计算公式与直接测量量 x、y、z 的不确定度 σ_x、σ_y、σ_z 有关。在普通的大学物理实验中,间接测量和直接测量的不确定度关系式一般用以下公式表示:

Y 的不确定度为

$$\sigma_Y = \sqrt{\left(\frac{\partial f}{\partial x}\right)^2 \sigma_x^2 + \left(\frac{\partial f}{\partial y}\right)^2 \sigma_y^2 + \left(\frac{\partial f}{\partial z}\right)^2 \sigma_z^2 + \cdots} \tag{1-4-12}$$

Y 的相对不确定度为

$$\left|\frac{\sigma_Y}{Y}\right| = \sqrt{\left(\frac{\partial f}{\partial x}\right)^2 \left(\frac{\sigma_x}{Y}\right)^2 + \left(\frac{\partial f}{\partial y}\right)^2 \left(\frac{\sigma_y}{Y}\right)^2 + \left(\frac{\partial f}{\partial z}\right)^2 \left(\frac{\sigma_z}{Y}\right)^2 + \cdots} \tag{1-4-13}$$

例如,当 $F = f(x,y) = xy$ 时,有

$$\left(\frac{\partial f}{\partial x}\right)^2 = y^2, \left(\frac{\partial f}{\partial y}\right)^2 = x^2$$

则

$$\sigma_F = \sqrt{y^2\sigma_x^2 + x^2\sigma_y^2} \tag{1-4-14}$$

于是

$$\left|\frac{\sigma_F}{F}\right| = \left|\frac{\sigma_F}{xy}\right| = \sqrt{\left(\frac{\sigma_x}{x}\right)^2 + \left(\frac{\sigma_y}{y}\right)^2} \tag{1-4-15}$$

类似地,若 $F = x/y$, 则

$$\left|\frac{\sigma_F}{F}\right| = \sqrt{\left(\frac{\sigma_x}{x}\right)^2 + \left(\frac{\sigma_y}{y}\right)^2} \tag{1-4-16}$$

在实验中常见函数关系间接测量的不确定度计算公式如表1-4-1所列。

表1-4-1　常见函数关系间接测量的不正确度计算公式

序号	函数形式	σ_Y	$\lvert\sigma_Y/Y\rvert$
1	$Y = x + y$	$\sigma_Y = \sqrt{\sigma_x^2 + \sigma_y^2}$	$\left\lvert\frac{\sigma_Y}{Y}\right\rvert = \sqrt{\left(\frac{\sigma_x}{x+y}\right) + \left(\frac{\sigma_y}{x+y}\right)^2}$
2	$Y = x - y$	$\sigma_Y = \sqrt{\sigma_x^2 + \sigma_y^2}$	$\left\lvert\frac{\sigma_Y}{Y}\right\rvert = \sqrt{\left(\frac{\sigma_x}{x-y}\right)^2 + \left(\frac{\sigma_y}{x-y}\right)^2}$
3	$Y = kx$	$\sigma_Y = k\sigma_x$	$\left\lvert\frac{\sigma_Y}{Y}\right\rvert = \left\lvert\frac{\sigma_x}{x}\right\rvert$
4	$Y = xy$	$\sigma_Y = \sqrt{y^2\sigma_x^2 + x^2\sigma_y^2}$	$\left\lvert\frac{\sigma_Y}{Y}\right\rvert = \sqrt{\left(\frac{\sigma_x}{x}\right)^2 + \left(\frac{\sigma_y}{y}\right)^2}$
5	$Y = \frac{x}{y}$	$\sigma_Y = \sqrt{\left(\frac{1}{y}\right)^2\sigma_x^2 + \left(\frac{x}{y^2}\right)^2\sigma_y^2}$	$\left\lvert\frac{\sigma_Y}{Y}\right\rvert = \sqrt{\left(\frac{\sigma_x}{x}\right)^2 + \left(\frac{\sigma_y}{y}\right)^2}$
6	$Y = \frac{xy}{z}$	$\sigma_Y = \sqrt{\left(\frac{y}{z}\sigma_x\right)^2 + \left(\frac{x}{z}\sigma_y\right)^2 + \left(\frac{xy}{z^2}\sigma_z\right)^2}$	$\left\lvert\frac{\sigma_Y}{Y}\right\rvert = \sqrt{\left(\frac{\sigma_x}{x}\right)^2 + \left(\frac{\sigma_y}{y}\right)^2 + \left(\frac{\sigma_z}{z}\right)^2}$
7	$Y = \sin x$	$\sigma_Y = \lvert\cos x\rvert\sigma_x$ (σ_x 用弧度表述)	$\left\lvert\frac{\sigma_Y}{Y}\right\rvert = \sqrt{\left(\frac{\sigma_x}{\tan x}\right)^2} = \frac{\sigma_x}{\lvert\tan x\rvert}$
8	$Y = x^2$	$\sigma_Y = \sqrt{2\bar{x}}\sigma_x$	$\left\lvert\frac{\sigma_Y}{Y}\right\rvert = \left\lvert\frac{\sqrt{2\bar{x}}\sigma_x}{\bar{x}}\right\rvert$
9	$Y = x^m \cdot y^n$	$\sigma_Y = \sqrt{(mx^{m-1})^2\sigma_x{}^2 + (ny^{n-1})^2\sigma_y{}^2}$	$\left\lvert\frac{\sigma_Y}{Y}\right\rvert = \sqrt{\frac{m^2\sigma_x{}^2}{x^2y^{2n}} + \frac{n^2\sigma_y{}^2}{x^{2m}y^2}}$

从表1-4-1可见,对于和、差形式的函数关系式(表中序号1、2),用式(1-4-12)求 σ_Y 比较方便;对于积、商形式的函数关系式(表中序号4、5、6),用求相对不确定度的计算公式求 σ_Y/Y 比较简便。

注意:式(1-4-12)是通用公式,它适用于所有能求全微分的函数关系式。式(1-4-13)也是通用的,但式(1-4-15)或表1-4-1中序号4、5、6所示的相对不确定度计算公式直接应用时则只适用于积、商形式的函数关系式,它们不是通用公式。

1.5　有效数字

在大学物理实验中,每个实验都要记录和计算很多,特别是在误差分析的过程中要涉及数据位数的保留,这些数据位数的存留不是随意的,实验测得的数据能反映出被测量的实际值大小,意味着这些保留的数据可以体现出测量结果的准确程度。这样的数字称为有效数字。

1. 有效数字的基本概念

有效数字一般由准确数字和欠准确数字组成。有效数字的位数由左边第一位不为零的数开始数起,数到最后一位数字为止。

有效数字的正确记录方法:读出有效数字的准确数字部分由测量的大小与所用仪器的最小分度值决定。欠准确数字由介于两个最小分度值之间的数值进行估读,一般仅估读一位。对于标明误差的仪器,应根据仪器的误差确定测量值中欠准确值的位数。在十进制中,有效数字的位数与小数点的位置或与单位换算无关,例如 2.30cm、0.230m、23.0nm 都是三位有效数字,这里应注意数字“0”在有效数字中的地位。从以上的例子中可见,不管有效数字前面有几个“0”都不影响有效数字的位数,所以数字前面的“0”不是有效数字,数字中间或末尾的“0”都是有效数字。如 1.209mm 和 3.070mm 都是四位有效数字。

2. 科学计数法

用厘米刻度尺测量小方块的长度,最小分度值为 0.1cm,测量的数据为 76.81mm,在这个数据中有 4 位有效数字,此数据表示 7、6、8 为准确数字,1 为欠准确数字,不可随意写为 76.810mm,数值的大小虽然相同,但意义不同,76.810 为 5 位有效数字。为避免出现此类错误及方便表示出较大或较小的数字,可以用科学记数法表示有效数字,把数据写成小数点前面只留一位非零数,后面再乘以 10 的方幂的形式。单位换算为国际单位,可用科学计数法表示为 7.681×10^{-2} m。这种计数法既表达出有效数字位数,又表达出数值大小,计算时更容易。

3. 有效数字的取舍及运算规则

为了适应大学物理实验数据记录和数据处理,一般有效数字的运算法则为“四舍六入五成双”法则。也就是说,当尾数小于或等于 4 时舍去,尾数大于或等于 6 时进位,尾数等于 5 时,应根据尾数的前一位的奇偶性决定,如果尾数的前一位为奇数,则进位,如果尾数的前一位本身为偶数,则舍去。

例如,在不考虑单位的情况下,将下面的数字取舍为 3 位的有效数字:

$$2.6274 \rightarrow 2.63$$

$$14.4501 \rightarrow 14.5$$

$$23.35 \rightarrow 23.4$$

$$18.85 \rightarrow 18.8$$

$$0.12431 \rightarrow 0.124$$

通常,在物理实验的数据处理过程中,大部分会涉及有效数字之间的相互计算,下面以加减法为例来说明:

$$\begin{array}{r} 12.5\overline{1} \\ +\ 2.36\overline{4} \\ \hline 14.8\overline{7}\overline{4} \end{array} \rightarrow 14.87 \qquad \begin{array}{r} 13.4\overline{1} \\ -\ 2.56\overline{5} \\ \hline 10.8\overline{4}\overline{5} \end{array} \rightarrow 10.84 \qquad \begin{array}{r} 1.2\overline{3} \\ \times\ 1.\overline{2} \\ \hline 1.\overline{4}\overline{7}\overline{6} \end{array} \rightarrow 1.5$$

在上面三个例子中，数字上面有“-”的为欠准确值，由于有效数字的运算满足准确数字与准确数字进行四则运算时，其结果仍为准确数字，准确数字与欠准确数字或欠准确数字与欠准确数字进行四则运算时，其结果均为欠准确数字。有效数字与有效数字进行运算，结果仍为有效数字。

根据此规则通过对上面的运算观察发现：有效数字的加减法，其结果和有效数字位数低的对齐；而有效数字的乘除法运算结果与有效数字位数少的保持一致，其他混合运算结果也应该与有效数字位数少的对齐。

1.6　实验数据的处理方法

数据处理是指对实验中测量得到的原始数据进行整理、分析和计算的过程。只有通过对这些实验数据进行科学的分析，才能得到准确的结果。

在大学物理实验中，几乎每个实验都要涉及对实验数据进行处理，直接测量和间接测量的数据处理是应用最多的，除了这两种方法外，还有其他一些处理数据的方法，本节将进行介绍。

1. 作图法

在某些物理实验中得到的一系列测量数据，可以用图形直观地表示出来，作图法是在坐标纸上描绘出的一种数据对应关系曲线的方法，该曲线是研究被测量之间的变化规律，以此规律为根据可找出对应的函数关系式或经验公式，并进一步求所需实验结果。作图法的具体步骤如下：

(1) 选取坐标纸。通过理论分析实验中所测物理量之间的数值关系选取合适的坐标纸，如均匀分度直角坐标纸、单对数坐标纸、双对数坐标纸、极坐标纸等。一般的物理实验中所用的坐标纸为二维直角坐标纸。

(2) 标明坐标轴。利用专业的作图铅笔和尺子描出坐标轴，在轴的末尾处用一个小箭头标明正方向。一般以横轴表示自变量，纵轴表示因变量。在坐标轴的旁边标明该轴所代表的物理量的名称以及单位，用“/”来划分，例如作伏安特性曲线图时，其中横轴表示电流，单位为毫安，则横轴末尾应标明“I/mA”。

(3) 选定坐标轴的比例和标度。根据实验数据的有效数字位数确定坐标轴的比例，该比例可以表示测量数据的有效数字，而且最好能做到直接读出曲线上的任一点的坐标。为了合理利用坐标纸，横纵坐标轴无须比例一致，两轴交叉点无须为“0”。

(4) 描数据点。根据坐标轴的比例描绘实验数据点，由于描点后还要画出数据点的走向曲线，容易将数据点遮盖，故一般不建议使用“·”，建议用“×”“+”“⊙”“△”等符号描点。在同一张坐标纸上描绘几种不同的数据点时，需用不同的描点符号区分。

(5) 连线。根据不同的函数关系对应的实验数据点分布，用直线或光滑的曲线将各数据点连起来，让尽量多的点落到该直线或曲线上，其余数据点均匀分布到两侧。若有个别点远离曲线，则该数据可能有误，最好能通过实验检验。

(6) 描“校准曲线”。在部分物理实验中，需要描校准曲线，假定两校准点之间误差

呈线性规律变化,相邻两点用直线段连接,整条曲线呈折线形。

(7) 求斜率。实验数据点连线为直线时,若要求计算其斜率,为了减小误差,应在该直线上避开实验数据点,在各数据点之间的直线段上尽量远的取两个点在图上标出其坐标,代入公式 $k=\frac{y_2-y}{x_2-x_1}$ 求出该直线的斜率。

(8) 署名。作图法处理数据后,为了便于以后查找,也使得坐标图更加规范,应在坐标纸的空白处,简要地注明图名、班级、学号、姓名、实验日期等。

以伏安特性曲线为例的作图法描绘直线的示范如图 1-6-1 所示。

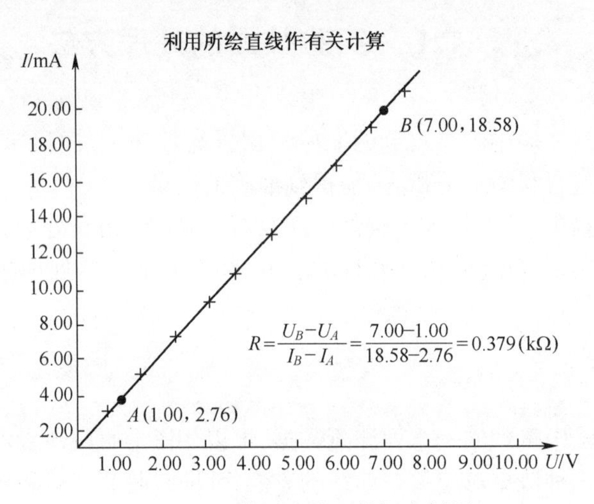

图 1-6-1 作图法处理数据实例图

2. 逐差法

在物理实验中,常遇到通过自变量等间隔变化来获取测量结果的实验,测量的数据一般要求为偶数组,2n 组数据,前 n 组为第一大组,后 n 组数据为第二大组,两组数据一一对应的相减进行计算。例如,在声速的测量中,测量等间隔变化的共振位置,相邻两位置之间的大小为波长 λ 的整数倍,计算相邻量数据之间的间隔,代入关系式 $v=f\lambda$,即可得到声速的平均值。声速的测量数据记录表如表 1-6-1 所列。

表 1-6-1 声速的测量数据记录表

次数	0	1	2	3	4	5	6	7	8	9	10	11	12
L/mm													

用逐差法计算:

$$\overline{\Delta L}=\frac{(L_{12}-L_6)+(L_{11}-L_5)+(L_{10}-L_4)+(L_9-L_3)+(L_8-L_2)+(L_7-L_1)}{6\times 6}$$

$$\overline{\lambda}=2\,\overline{\Delta L}=\underline{\qquad}(\text{mm}),\bar{v}=\overline{\lambda}f=\underline{\qquad}(\text{m/s}),E=\frac{|\overline{v_{理}}-\bar{v}|}{\overline{v_{理}}}\times 100\%=\underline{\qquad}$$

注意:逐差法应用的条件为自变量等间隔变化,且函数关系为线性关系,当函数关系

为非线性关系时，不能用逐差法处理。另外，在应用逐差法时，要将等间隔的数据前后对半分。

3. 列表法

列表法是在记录和处理数据时，把测量所得数据和相关计算结果以一定规律分类列成表格来表示的方法。这种方法可以简单明确，形式紧凑的表示出有关物理量之间的联系。有利于检查对比、避免错误。同时也可以方便分析数据，进而找出有关物理量之间的联系。光栅实验数据记录表见表 1-6-2 所列，其中已知绿光波长为 546.07nm，求光栅常数以及紫光与两条黄光的波长。

表 1-6-2　光栅实验数据记录表

谱线游标	零级（α_0）		紫		绿		黄 1		黄 2	
	左	右	左	右	左	右	左	右	左	右
位置角 α										
$\varphi = \lvert \alpha - \alpha_0 \rvert$										
φ										
λ/nm					546.07					
$(a+b)$/nm										

通过表 1-6-2 可以直观地记录、分析和计算出实验所需的数据及其结果。

4. 最小二乘法直线拟合

自变量和因变量为某函数关系时，用作图法可以形象直观地表示其中的物理规律；但作图法也有弊端，利用作图法处理数据，在绘制图线时具有主观随意性，处理后的数据误差比较大。因此，需要利用一种更精确的处理数据的方法。对于某些实验数据，如果能找到一条最佳的拟合直线，这条拟合直线上因变量 Y 与相应的自变量之间的函数关系 $Y = f(X)$，那么以下两种情况可用最小二乘法解决：

（1）可以用理论分析或以往的经验估计两变量之间的函数关系式。

（2）方程回归：通过实验数据估计两变量之间的参数，进一步确定函数关系式。

在物理实验中，大部分物理量之间的函数关系可以用理论推导的方式确定，满足函数关系式 $y = kx + b$，其中，k 和 b 为线性回归系数。

最小二乘法原理的数学表达式为

$$S = \sum_{i=1}^{n} [y_i - (kx_i + b)]^2$$

分别对 k 和 b 进行求偏导，可得到回归系数为

$$\begin{cases} k = \dfrac{\overline{xy} - \bar{x} \cdot \bar{y}}{\overline{x^2} - (\bar{x})^2} \\ b = \bar{y} - k\bar{x} \end{cases} \tag{1-6-1}$$

式中

$$\bar{x} = \sum x_i/n\,,\ \bar{y} = \sum y_i/n\,,\ \overline{x^2} = \sum (x_i)^2/n\,,\ \overline{xy} = \sum (x_i y_i)/n$$

若变量 x 和 y 的函数关系式需要用实验数据来确定,则利用最小二乘法的数学表达式来进行处理,即

$$S=\sum_{i=1}^{n}[y_i-(kx_i+b)]^2 \tag{1-6-2}$$

S 对 k 求偏导数为零,则

$$\frac{\partial S}{\partial k}=-2\sum_{i=1}^{n}(y_i-kx_i-b)x_i=0 \tag{1-6-3}$$

整理可得

$$\sum_{i=1}^{n}x_iy_i-k\sum_{i=1}^{n}x_i^2-b\sum_{i=1}^{n}x_i=0 \tag{1-6-4}$$

S 对 b 求偏导数为零,则

$$\frac{\partial S}{\partial b}=-2\sum_{i=1}^{n}(y_i-kx_i-b)=0 \tag{1-6-5}$$

整理可得

$$\sum_{i=1}^{n}y_i-k\sum_{i=1}^{n}x_i-nb=0 \tag{1-6-6}$$

由式(1-6-4)和式(1-6-6)可得

$$\begin{cases} k=\dfrac{\sum\limits_{i=1}^{n}x_i\sum\limits_{i=1}^{n}y_i-n\sum\limits_{i=1}^{n}x_iy_i}{\left(\sum\limits_{i=1}^{n}x_i\right)^2-n\sum\limits_{i=1}^{n}x_i^2} \\ b=\dfrac{\sum\limits_{i=1}^{n}x_i\sum\limits_{i=1}^{n}x_iy_i-\sum\limits_{i=1}^{n}x_i^2\sum\limits_{i=1}^{n}y_i}{\left(\sum\limits_{i=1}^{n}x_i\right)^2-n\sum\limits_{i=1}^{n}x_i^2} \end{cases} \tag{1-6-7}$$

将得出的 k 和 b 代入直线方程即可得到回归方程。

注意:当 x 和 y 实际满足线性关系时,拟合直线才有意义。为了检验其满足线性关系的情况,从数学的角度引入一个相关系数:

$$r=\frac{\sum\limits_{i=1}^{n}\Delta x_i\Delta y_i}{\sqrt{\sum\limits_{i=1}^{n}(\Delta x_i)^2}\sqrt{\sum\limits_{i=1}^{n}(\Delta y_i)^2}} \tag{1-6-8}$$

式中

$$\Delta x_i=x_i-\bar{x}\,,\ \Delta y_i=y_i-\bar{y}$$

r 表示变量之间的函数关系的线性拟合程度:r 越接近 1,两变量的线性关系越好;若 r 接近 0,则不可用最小二乘法计算。

第 2 章 常用仪器介绍

2.1 测量长度的常用仪器

长度是一个基本物理量,我国现行的长度基准是单位米(m)。长度测量是实验中最基本的测量之一,实验中进行的大多数测量最终都将转化为长度测量。在长度测量过程中,要根据实验精度要求来确定测量器具和方法。

通常可以应用米尺直接测量长度。常用的测量长度的仪器有米尺、游标卡尺和螺旋测微计等。这种仪器的规格可以用量程和分度值表征。量程是仪器的测量范围,分度值是测量的最小值,且分度值的大小表征仪器的精密程度。

1. 米尺读数方法与使用要点

将待测物体紧贴米尺,一端与零刻线对齐作为测量起点,另一端对应的数值就是物体的长度。但是,有时会遇到 0 刻线看不清晰,这时就可以选择米尺上的任意一整数刻度线作为测量起点,待测的物体的长度值将是物体两端位置从米尺上得到的读数之差。

米尺是有一定厚度的,在测量中待测物体应紧贴米尺的刻度线,眼睛正对刻度线,以避免视差,如图 2-1-1 所示。

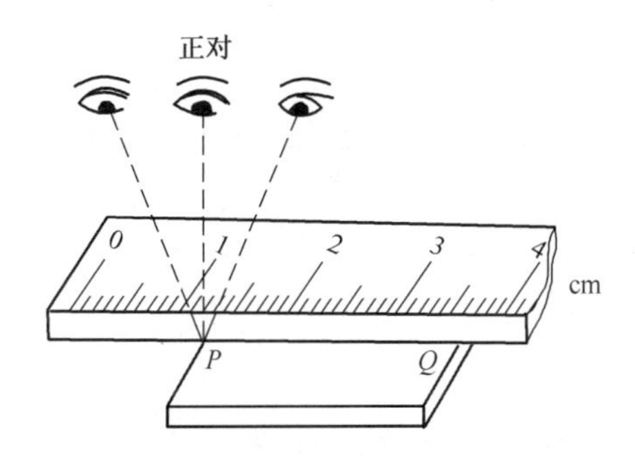

图 2-1-1 读数时防止视差

2. 游标卡尺

1) 游标卡尺的结构

游标卡尺由主尺和游标构成。游标可沿尺身移动,如图 2-1-2 所示。从游标尺上

可以将主尺估读的那位数值较精确地读出来。主尺左下角和游标左下角构成外量爪(又称为外卡),用于测量长度和外径;主尺左上角和游标左上角组成内量爪(又称为内卡),用于测量内径;右端深度尺与游标为一体,用于测量深度。紧固螺钉用于固定量值读数。

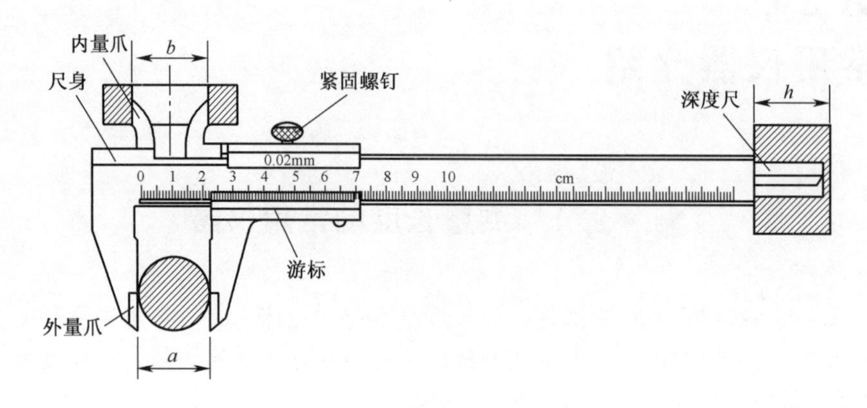

图 2-1-2　游标卡尺

2）读数原理和方法

游标卡尺的读数原理。设主尺上一个分格的长度(分度值)为 y ,游标上的分度值为 x ,游标上 m 个分格的总长与尺身上 $m-1$ 个分格的总长相等,则有

$$mx = (m-1)y \tag{2-1-1}$$

因此,尺身与游标上分度值的差值为

$$\delta = y - x = y/m \tag{2-1-2}$$

δ 是游标尺能准确读数的最小值,通常称作最小分度值。如图 2-1-3 所示, $m=10$ 的游标称为“10 分度游标”,10 分度游标的 $\delta = 1/10 = 0.1\text{mm}$ 。常用游标卡尺还有“20 分度游标”和“50 分度游标”,分别对应的 δ 值为 0.05mm 和 0.02mm 。

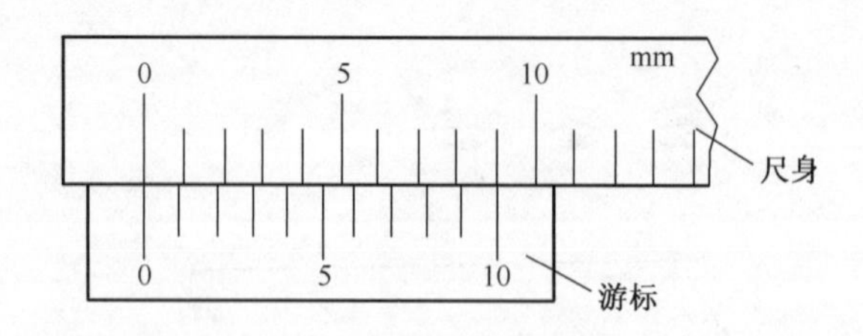

图 2-1-3　十分游标卡尺原理示意图

游标卡尺的读数方法。用游标尺测量之前,先把量爪合拢,使游标的 0 刻线与尺身的 0 刻线对齐。之后,首先读出游标 0 刻线前对应的主尺上的数值 k ,然后找到游标卡尺中第几条刻线与主尺中的某一刻线是对齐的,用这条刻线 n 乘以 δ 就是游标上的读数。测量值 l 的表达式为

$$l = ky + n\delta \tag{2-1-3}$$

式中: y 为尺身分度值。

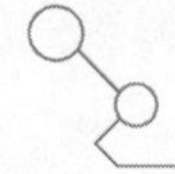

以50分度的游标卡尺为例,如图2-1-4所示的测量值为 $k = 21$,$n = 25$,$\delta = 0.02\text{mm}$,得到 $l = 21.50\text{mm} = 2.150\text{cm}$。

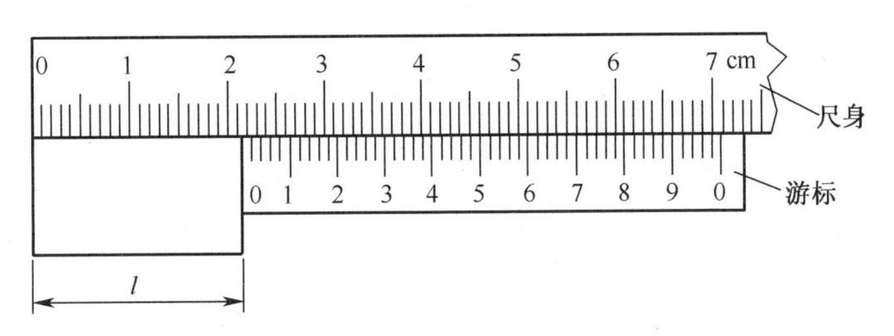

图2-1-4 50分度游标卡尺原理示意图

3. 螺旋测微计

1)结构

螺旋测微计又称为千分尺,它是比游标卡尺更精密的长度测量仪器,其结构如图2-1-5所示。尺身刻在与尺架和测量砧台连为一体的固定套筒上,副尺刻在与内部精密螺杆和测量轴连为一体的微分筒上,通过其内精密螺杆套在固定套筒之外。微分筒可相对固定套筒做共轴转动,带动测微螺杆沿尺身方向做同步移动,从而改变测微螺杆与砧台之间的距离。锁紧手柄用于锁定读数。安装在尾部的棘轮为一恒定压力装置。

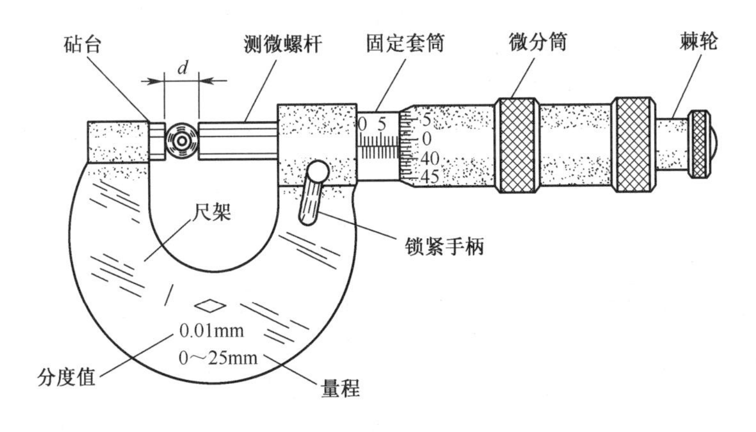

图2-1-5 螺旋测微计结构

2)螺旋测微原理

在一根带有米尺刻度的测量杆上,加工出高精度的螺纹,配上与之相应的精制螺母微分筒,并在微分筒周边上准确地标出 n 等分刻度线,于是就构成了一个测微螺旋。根据螺旋推进原理,微分筒转过一周,测微螺杆就前进或后退一个螺距 p(mm),如图2-1-6所示。微分筒转动 $1/n$ 周,螺杆移动 p/n 螺距。例如,当 $p = 0.5\text{mm}$,微分筒一周为50等分格时,得知微分筒转动1个分格,螺杆就移动 $0.5/50 = 0.01\text{mm}$。按照一般读数规则,千分尺读数可估读到0.001mm,这就是机械放大原理。该原理在读数显微镜和迈克尔逊干涉仪等实验仪器中均有应用。

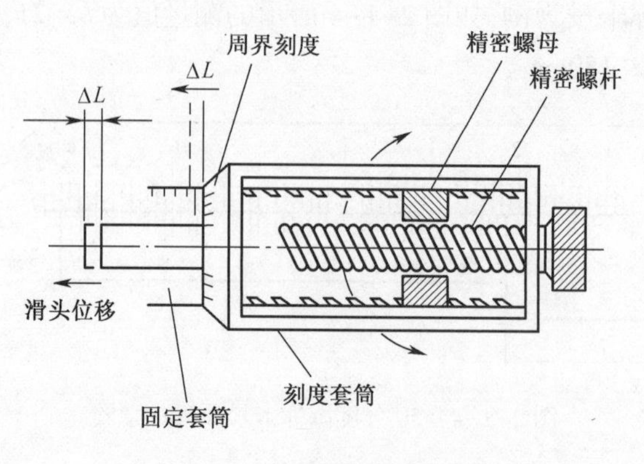

图 2-1-6　螺旋测微原理图

3）读数方法

螺旋测微计的尺身上沿轴向刻有一条直线作为准线。准线上方有毫米分度，下方刻出半毫米的分度线，因而尺身最小分度值是 0.5mm 。而微分筒旋转一周，测微螺杆将进退一个尺身分度值。

使用螺旋测微计进行测量时，首先旋进活动套筒使微分筒的边缘应与尺身的 0 刻线重合，而微分筒上的 0 刻线应与尺身上的准线重合，此时读数为 0.000mm ；若不重合，则须记下零读数，以便测量完毕进行修正。然后，后退测微螺杆，将待测物夹在两测量面之间，并使两测量面与待测物轻轻接触。若微分筒边缘在尺身上的位置如图 2-1-7(a)所示，读数时，第一步先在尺身上读出读数 5mm ；第二步在副尺上读出低于准线且与准线最接近的分度数，即 0.01mm × 48 = 0.48mm ；第三步再根据准线在副尺两分度之间的位置，估读毫米的千分位为 0.004mm ，最后结果为 5mm + 0.48mm + 0.004mm = 5.484mm 。记录时，应直接写出最后结果。

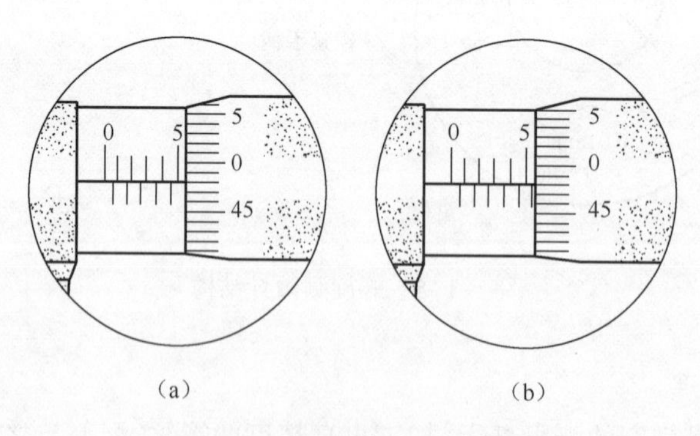

图 2-1-7　螺旋测微计读数方法

测量时常遇到微分筒边缘压在尺身的某一刻线上的情况。这时，如果副尺 0 刻线在准线上方，则没有超过。若 0 刻线在准线的下方，则已超过。如图 2-1-7(b)所示，应读为 5.982mm 。

4）使用要点

在螺旋测微计的尾端有一棘轮装置，其作用是防止砧台和测微螺杆将待测物夹得太

紧,以致损坏物体和损伤螺旋测微计内部精密螺纹。因此,在使用中,当测微螺杆和砧台将与待测物直接接触时,不得再旋转微分筒,而应旋转棘轮,如听到“咔”“咔" “咔”的响声,这表示测量面与待测物之间的压力已达到规定值,棘轮与螺杆脱滑,测微螺杆便停止前进,于是就可以进行读数。

螺旋测微计用毕,测微螺杆与砧台之间要留有间隔, 以免在螺旋测微计受热膨胀使两测量面之间过分压紧而损坏精密螺纹。

2.2　测量时间的常用仪器

1. 电子秒表

1）构造

电子秒表的机芯由电子器件 CMOS 大规模集成电路构成,计时较为精密,一般利用石英振荡频率作为时间基准,采用八位液晶数字显示时间。电子秒表除了计时外,还有显示日、月、星期以及闹钟功能。电子秒表运行电流较小,一般小于 6μA,常用氧化银电池供电。

电子秒表外形如图 2-2-1 所示,表壳上配有 4 个按钮:S_1 为秒表按钮,S_2 为调整按钮,S_3 为功能变换按钮,S_4 为分段/复位按钮。

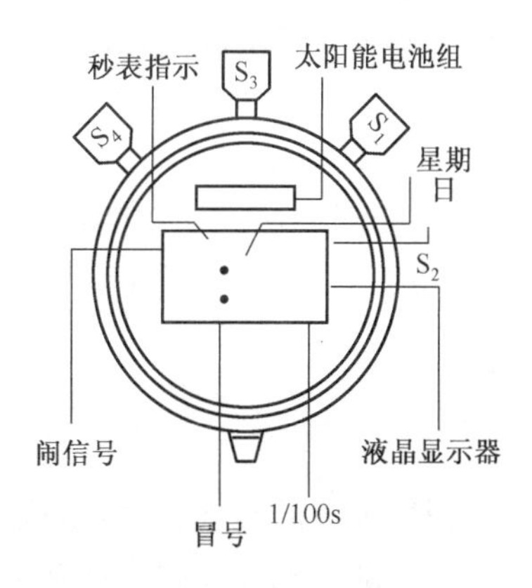

图 2-2-1　电子秒表

2）技术规格

电子秒表连续累计时间为 59min , 59. 99s ,可读到 1/100s ,平均日差为 ±0. 5s 。

3）使用要点

S_3 可作计时历、闹钟和秒表三种状态选择。在秒表状态下,按 S_1 开始计数,再按 S_1 计数停止,再按 S_4 即复零。

累计计时。按一下 S_1 计数开始,再按 S_1 计数停止;再按 S_1 即可累加计数。

分段计时。先按 S_1 开始计数,再按 S_4 显示屏上不再有数字的增加变化,而是显示两次动作“按 S_1 和按 S_4”间的时段,而此时秒表内部继续在计数。再按 S_1,秒表停止计数,

再按 S_4 出现两次 S_1 动作间时段计数。若需复零,可再按 S_4。

2. 数字毫秒计

1) 结构

数字毫秒计是用石英晶体振荡分频作时标脉冲,用数码管显示时间数字的计时仪器。它一般由整形电路、计数门、计数器、译码器、振荡器、分频器及复原系统和触发器等组成。利用石英晶体振荡器输出信号的周期作为标准单位。采用光控和机控两种计时方式。其测量原理:由石英晶体振荡器不断提供标准时基信号进入计数门。开始计时和停止计时的信号由光电元件或电键产生。该控制信号首先经过前置整形电路整形,形成前沿陡峭的脉冲波形,再进入门控复原系统的触发门,从触发门开启到关闭这一段时间中,与计数器显示的脉冲个数相对应的标准时间累积计数,即为被测时间。

2) 使用要点

先按计时器"2"键,再按计时器靠右侧任一按键可以开始计时,再按右侧任一按键停止计时。

2.3 电　源

电源是能够产生和维持一定的电动势并能够提供一定电流的设备,能将其他形式的能量转变为电能。电源分为交流电源和直流电源两种。

1. 交流电源

交流电源是指电流大小、方向随着时间做周期性变化,一般用符号"AC"或"~"表示交流电,通常由市电网提供的交流电源有 380V 和 220V 两种,频率都为 50Hz。实验室常用交流电源为 220V,交流电表上的读数为有效值。

2. 直流电源

直流电源是维持电路中形成稳恒电流的装置,一般用符号"DC"或"—"表示直流电。常用的直流电源有干电池、蓄电池、标准电池和晶体管直流稳压电源等。

常用的干电池电动势为 1.5V,额定供电电流由电池的体积大小而定。在功率小、稳定度不高时是很方便的直流电源。干电池长时间使用后,内阻可增大到 1Ω 以上,此时虽然测得出电压但却没有电流,因此,干电池使用一段时间后便报废。

蓄电池有铅蓄电池和铁镍电池两类。铅蓄电池的电动势为 2V,额定电流为 2A,输出电压比较稳定;铁镍电池的电动势为 1.4V,额定电流为 10A,其输出电压的稳定性比较差,但坚固耐用,适用于大电流下工作。而蓄电池当电动势下降到 1.8V 时,及时充电便可重复使用。

标准电池是一种化学电池,其电动势比较稳定、复现性好,在测量和校准各种电池的电压时作为参考标准。标准电池按电解液的浓度分为饱和和不饱和两种。饱和标准电池电动势最稳定,但对温度变化比较敏感。饱和标准电池的电动势 $E(t)$ 随使用时的温度而

改变,已知在 20℃时的电动势 E_{20} = 1.01855 ~ 1.01868V ,则 t 的电动势可由下式算出:

$$E(t) \approx E_{20} - 4 \times 10^{-5}(t-20) - 10^{-6}(t-20)^2$$

标准电池的准确度和稳定度与使用和维修情况有很大关系。如果不注意正常的使用和维护,不仅会降低标准电池的准确度与稳定度,而且可能损坏标准电池。因此,在使用和存放的时候必须遵守以下几点:

(1) 使用和存放地点的温度与湿度应符合标准电池说明书的要求,温度的波动应该尽量小一些。

(2) 防止阳光照射及其他光源、热源、冷源的直接作用。

(3) 不能过载。通过标准电池的电流不得超过 1μA。严禁用电压表或万用表直接测量其端电压。

(4) 不应摇晃和振动,更不能倒置。

晶体管直流稳压电源具有电压稳定性好、内阻小、功率大、输出连续可调、使用方便等优点,其输出的直流电压和电流值可由仪器上的电表读出。使用时要注意它的最大允许输出电压和电流,切不可超过而导致烧毁稳压电源。

直流电源使用注意事项如下:

(1) 电压的大小,一般来说:36V 以下的电压对人身是安全的,可以直接进行操作;大于 36V 的电压,人体不得随便触及,以免发生危险。

(2) 电源正、负极之间不得短路,使用中电源的最大输出电流不得超过允许值。

(3) 电源正、负极不得接错。

2.4　电　　表

按读数的显示方法不同,电表可分为偏转式和数字式两大类。偏转式电表靠指针或光电在刻度尺上的偏转位置来进行读数,偏转式电表按工作原理可分为磁电式、电磁式、电动式、热电式等。数字式电表可将测量结果直接以多位的数字形式显示出来。

1. 偏转式电表

物理实验中使用的电表大都是磁电式电表。磁电式电表的通电线圈在磁场中因受到电磁力矩而发生偏转,电磁力矩和电流的大小成正比,同时,与线圈转轴连接的游丝产生反抗线圈偏转的力矩,反抗力矩与线圈转过的角度成正比。因此,当线圈通过一定的电流,线圈转到一定的角度时,电磁力矩与游丝的反抗力矩达到平衡,固定在线圈上的指针指示出转过的角度。转过的角度与电流成正比,所以磁电式电表的刻度是均匀的。其特点是灵敏度高,但它只能用来测量直流电或单向脉冲电流的平均值。

1) 表头

表头是指磁电式电表的测量机构,其主要规格如下:

(1) 量程:表头达到满偏时的电流值。磁电式表头的量程很小,其满度电流数量级一般在10^2μA 左右,满度电压也只有零点几伏。

(2) 内阻:电表测量机构的线圈电阻与引线电阻之和,电表内阻一般在仪器说明书上

已给出。

(3) 分度值:电表指针偏转一小格所需的电流,其倒数称为表头的灵敏度。

(4) 准确度等级:根据国家标准的规定,电表准确度一般分为 0.1、0.2、0.5、1.0、1.5、2.5 和 5.0 七个等级,等级数值越小,电表的精确度越高,用电表测量时,电表的指示值与被测量的实际值之间的差值,称为电表测量的绝对误差。绝对误差值与电表的量程之比,以百分数表示出来的值称为电表的引用误差(E_n),即

$$E_n = \frac{绝对误差}{量程} \times 100\%$$

用电表进行测量时,将所得到的最大引用误差(E_n)去掉%号,就是为该电表的等级。如果所得结果在两个规定的等级数值之间,则此时电表的等级定为低精确度的一级。例如,最大引用误差为 0.7%,该电表的等级定为 1.0 级,而不能定为 0.5 级。

2) 直流电流表

直流电流表用来测量电路中电流大小。在表头上并联一个阻值很小的分流电阻,就构成了电流表(图 2-4-1)。分流电阻使电路中的电流大部分通过它自身,只有少部分的电流通过表头的线圈,从而扩大了电表的量程。分流电阻的阻值大小不一样,扩大的量程也不一样。根据量程的不同,电流表大致可以分为微安表、毫安表和安培表三种。

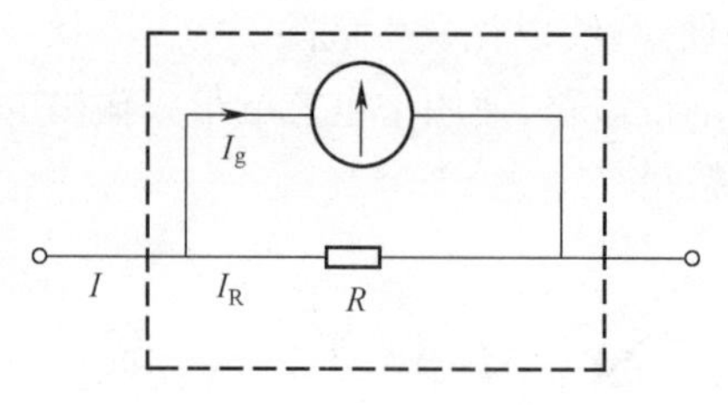

图 2-4-1 电流表的构造

电流表的主要规格如下:

(1) 量程:指针偏转至满刻度时对应的电流值。

(2) 内阻:电流表正、负两接线柱之间的电阻,即表头内阻与并联的分流电阻的并联电阻值。一般说来,安培表的内阻在 1Ω 以下,毫安表的内阻为 100~200Ω,微安表的内阻为 1000~3000Ω。

(3) 准确度等级:同表头。

3) 直流电压表

直流电压表用来测量电路中两点间电压大小。表头线圈串联一个高阻值的分压电阻构成电压表(图 2-4-2)。串联的高电阻具有限流的作用,使得绝大部分的电压加载在串联电阻上。如果串联的电阻阻值不同,可测量的最大电压也不同,因而可得到不同量程的电压表。

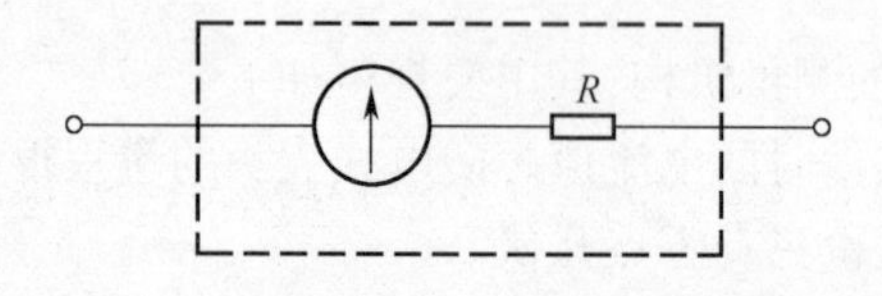

图 2-4-2 电压表的构造

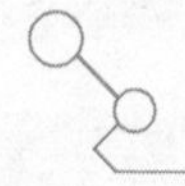

电压表的主要规格如下：

(1) 量程：指针偏转满刻度时表示的电压值。

(2) 内阻：电压表正、负两接线柱之间的电阻，即表头内阻与串联分压电阻的总和。对于一个电表来说，表头的满度电流 I_g 是相同的，而 $\frac{1}{I_g}=\frac{R}{U}$，因此对于同一个电压表的各个量程的每伏欧姆数是相同的，电压表内阻一般用 Ω/V 来表示。

(3) 准确度等级：同表头。

使用电流表和电压表需要注意以下方面：

(1) 量程的选择：根据被测电流或电压值的大小选择合适的量程，使得指针偏转超过所选量程的 1/2，最好超过 2/3 处。若量程选得太大，指针偏转太小，就会造成较大的测量误差。

(2) 调零：使用电表前，应注意指针是否与零刻度线重合。若不重合，应调整表盖上的机械调零旋钮，使指针指零。

(3) 电表极性：电表上红色或标有"+"号的接线柱为电流流入端，即正极，应接电路高电位点。黑色或标有"-"号的接线柱为电流流出端，为负极，应接电路低电位点。直流电表指针偏转方向取决于电流的方向，为了避免撞坏指针，切勿将正、负极接错。

(4) 电表的接入方法：电流表应串联在电路中，电压表应并联在电路段的两端。

(5) 视差问题：为了减小读数误差，读数时视线应垂直于标度盘表面。

4）检流计

检流计是专门用来检测电路中有无电流通过的电表，它广泛用于直流电桥、电位差计等仪器中作为电流指零器或用于测量微小电流及电压。检流计标度尺的零点一般在刻度的中央位置，以便于检测不同方向的直流电。

检流计是磁电式仪表，它是根据载流线圈在磁场中受到力矩而偏转的原理制成的。普通电表中线圈是安放在轴承上，用弹簧游丝来维持平衡，用指针来指示偏转。由于轴承有摩擦，被测电流不能太弱。检流计使用极细的金属悬丝代替轴承悬挂在磁场中，因为悬丝细而长，反抗力矩很小，所以有很弱的电流通过线圈就足以使它产生显著的偏转。因而检流计比一般电流表灵敏得多，可以测量微电流（$10^{-7}\sim10^{-10}$A）或者微电压（$10^{-3}\sim10^{-6}$V）。

检流计的主要规格如下：

(1) 分度值：检流计指针每偏转 1 格刻度对应的电流值，单位为 A/格，其倒数为检流计的灵敏度。灵敏度越高，检流计对微弱电流的反应越敏感，仪器性能也越好。

(2) 内阻 R_g：一般为 20～2000Ω。

(3) 临界外电阻 R_C：按阻尼的大小不同，有无阻尼状态和实际运动状态。

① 无阻尼状态：当外电路开路（$R\to\infty$）和无空气阻尼时，线圈为无阻尼状态，以平衡位置为中心做等幅振动。

② 实际运动状态：实际上阻尼总是存在的，根据 R 大小的不同，线圈有三种运动状态：

a. 欠阻尼状态：此时外电阻 R 较大，线圈以平衡位置为中心做衰减振动，并且逐渐趋紧于平衡位置。

b. 临界阻尼状态：当 $R=R_C$ 时，线圈无振动，很快达到平衡位置，此时的外电阻称为临界外电阻 R_C，一般来说，检流计的临界阻尼状态是它的理想工作状态。

c. 过阻尼状态：当 $R<R_C$ 时，线圈也是做单向偏转运动，缓慢地趋向平衡位置。R 越小，到达平衡位置的时间越长。因为过阻尼运动中线圈到达平衡的时间长，而且不易判断线圈是否到达平衡位置，因此它对于测量是不利的。利用这一特性，常在检流计两端并联一个开关 K，当 K 闭合时，$R=0$，电磁阻尼很大，线圈的运动立即变得非常缓慢，可以方便调零过程。因而将 K 称为阻尼开关或短路开关。

2. 数字电表(万用表)

万用电表是一种较常见的电学仪表，它的用途很广，可用来测量交流电压、直流电压、直流电流、电阻等，还可用来检查电路。它的结构简单，使用方便，但准确度稍低。

数字电表的工作特性如下：

(1) 测量范围：用量程和显示位数反映测量范围。

(2) 位数：数字电表按显示的位数，可分为三位半、四位半、五位、六位、八位等。位数指能完整地显示数字的最大位数，能显示出 0 ~ 9 这十个数字，称为一个整位，不足的称为半位。例如：能显示“999999”时，称为六位；最大能显示“0999”或“1999”的称为三位半，半位都是出现在最高位。

(3) 输入阻抗：由于数字电表在测量电压时它的输入阻抗一般等于或大于 10MΩ，因此数字式电表的内阻远远大于指针式电表的电阻。然而，当用电流挡测量电流时，电流量程各挡的内阻都很小，根据量程的不同，其内阻为零点几到几百欧。

(4) 仪器误差(或称为准确度)：数字电压表的基本误差公式为

$$\Delta = \pm a\% U_x \pm n \tag{2-4-1}$$

或

$$\Delta = \pm a\% U_x \pm b\% U_m \tag{2-4-2}$$

式中：Δ 为绝对误差；U_x 为测量值；U_m 为测量时所使用的满量程；a 为误差的相对项系数，b 为误差的固定项系数，a、b 的大小由仪器说明书给出；n 表示最后一位数字单位值的几倍。

从式(2-4-1)和式(2-4-2)看出，数字电表的绝对误差分为两部分：第一项为可变误差部分，第二项为固定误差部分，与被测值无关。由此可得到测量值的相对误差为

$$E = \pm a\% + \frac{n}{U_x} \tag{2-4-3}$$

或

$$E = \pm a\% + b\% \frac{U_m}{U_x} \tag{2-4-4}$$

式(2-4-3)和式(2-4-4)说明，当满量程时，相对误差最小。随被测值的减小相对误差逐渐增大。因此，在使用数字电表时，应选择合适的量程，使其略大于被测量，以减小测量值的相对误差。

使用数字万用表时应注意以下方面：

(1) 量程开关应该置于正确的测量位置，超过量程测量会损坏电表。

(2) 禁止在测量过程中改变量程开关挡位。

(3) 红、黑表笔应该插在符合测量要求的插孔内,同时留意测量电压或电流不要超过插孔旁边的指示数字。“COM”插口输入接地端。

2.5 电　阻　器

电阻器分为可调电阻和固定电阻两大类。

1. 可调电阻

1) 电阻箱

电阻箱是一种数值可以调节的精密电阻组件。在实验室常把它作为标准电阻使用。它一般由电阻温度系数较小的锰铜线绕制的精密电阻串联而成,通过十进位旋钮可使阻值改变。

目前,在实验室使用较为普遍的电阻箱是旋钮式电阻箱。它借助几个旋钮角位置的变换来获得 1 ~ 9999Ω (四旋电阻箱)或 0.1 ~ 99999.9Ω (六旋钮电阻箱)的各种电阻值。

如图 2-5-1 所示电阻箱,四个接线柱旁标有 0、0.9Ω、9.9Ω、99999.9Ω 等字样,其中标有“0”字样的接线柱为公共接线柱,其他三个接线柱下面的数字表示用该柱和公共接线柱取电阻时电阻值的调节范围。

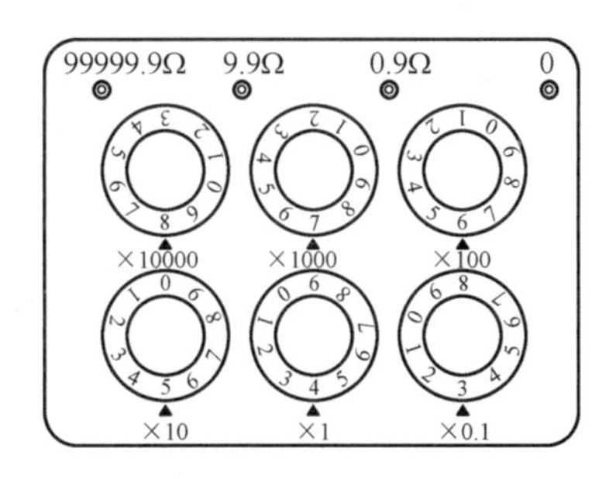

图 2-5-1　六钮电阻箱

电阻箱的主要规格如下:

(1) 总电阻:电阻箱的最大电阻值。例如四钮电阻箱的最大电阻值为 9999Ω 。

(2) 额定功率:

有些电阻箱或变阻器上只标明了额定功率 P ,其额定电流可用 $I = (P/R)^{1/2}$ 算出。

可见,电阻值越大的挡,可允许通过的最大电流越小。电流超过额定值时,会烧毁标准电阻元件,或由于温升过高而降低标准电阻的精度。故使用电阻箱时,不允许超过其额定功率。

(3) 准确度等级:电阻箱根据其误差的大小分为若干个准确度等级,一般分为 0.01、0.02、0.05、0.1、0.2、0.5、1.0 七级,它是表示电阻值相对误差的百分数。在通常教学实验条件下,0.1 级电阻箱的阻值不确定度用下式来表示:

$$U_R = 0.1\%R + bM$$

式中：M 为所用的十进位电阻盘的个数；b 为每个旋钮所允许的最大接触电阻。对 0.1 级电阻箱来说，每个旋钮的接触电阻最大不能超过 0.002Ω 。

2）滑线变阻器

滑线变阻器是一种阻值可以连续调节的电阻器，由均匀密绕在瓷管上的电阻丝构成，它有两个固定的接线端 A 和 B 以及一个在线圈上滑动的滑动端 C，通过滑动划片来改变接入电路的电阻丝长度从而改变电阻。其结构如图 2-5-2 所示。

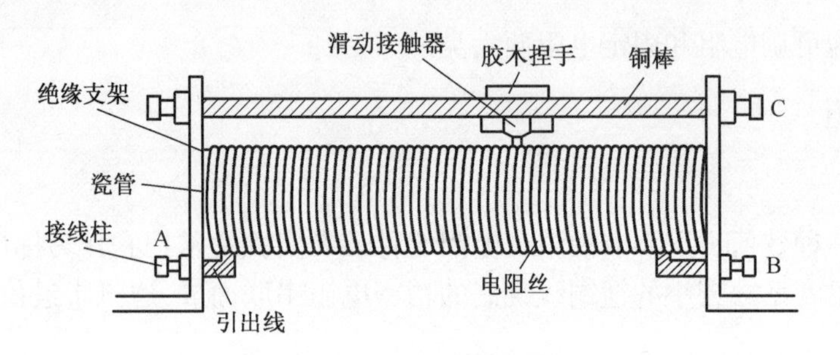

图 2-5-2　滑线变阻器

连接电路时一般将其串联，且“一上一下”连接，称为限流式接法；“两下一上”连接，称为分压式接法，这种接法会耗费大量电能，一般不用此法。

滑线变阻器在电学线路中有限流电路和分压电路两种连接方式。

限流电路如图 2-5-3 所示，将 AC 段串联在电路中，B 端空着不用，当滑动 C 点时，AC 段电阻可变，因此电路电流也随之改变。当 C 点滑至 B 端时，变阻器全部电阻串入回路，回路电流降至最小值。当 C 滑至 A 端时，$R_{AC}=0$，回路电流最大，实验前，变阻器的滑动端应放在电阻最大位置。

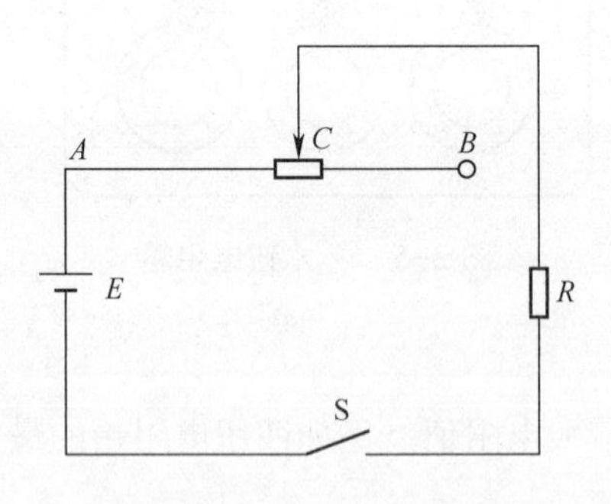

图 2-5-3　限流电路

分压电路如图 2-5-4 所示，变阻器的两个固定端 A、B 分别与电源两极相连，滑动端 C 和一个固定端 A（或 B）连接到用电部分。接通电源后，假若电源内阻很小可忽略不计。AB 两端的电压 U_{AB} 就等于电源电压。

输出电压 U_{AC} 是 U_{AB} 的一部分，故称其为分压电路。随着滑动端 C 位置的改变，U_{AC} 也发生改变。当 C 滑至 B 端时，$U_{AC}=U_{AB}$，此时输出电压最大。当 C 滑至 A 端时，$U_{AC}=0$，所以输出电压可调节在从零到电源电压的任意数值上。实验前变阻器的滑动端应放在分出电压最小的位置。

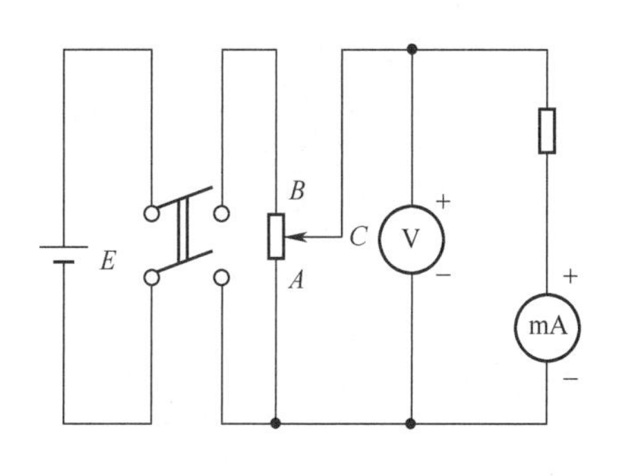

图2-5-4　分压电路

3）电位器

小型的变阻器通常称为电位器。可把它看成圆形的滑线电阻。电阻值较小的电位器多数用电阻丝绕成，称为线绕电位器；阻值较大（千欧至兆欧）的电位器则用碳质薄膜作为电阻，故称为碳膜电位器。

电位器的额定功率一般只有零点几瓦到数瓦，根据体积大小而定。由于电位器的生产已经系列化，规格相当齐全，容易选购合适的阻值。

2. 固定电阻

固定电阻通常有碳膜电阻、碳质电阻、金属膜电阻、线绕电阻等，大量应用于电子仪器仪表中。

2.6　光学仪器的维护及注意事项

光学实验中对仪器的操作、维护都比较特殊，在做实验之前，必须对光学实验的有关基本知识有一定的了解。

光学仪器除了要遵守一般的仪器使用规则外，在维护上有其特殊要求。为了安全使用光学器件，必须遵守以下规则：

（1）轻拿轻放，勿使仪器或光学元件受到冲击或震动，特别要防止掉落。不使用的光学元件应随时装入专用盒内并放在桌子的里侧。

（2）切忌用手触摸元件的光学面，用手拿光学元件时，只能接触其磨砂面，如透镜的边缘、棱镜的上下底面等，如图2-6-1所示。

（3）光学面上如有灰尘，用实验室专备的干燥脱脂棉轻轻拭去。光学面上若有轻微的污痕或指印，用清洁的镜头纸轻轻擦去。

（4）防止唾液或其他溶液溅落在光学面上。

（5）对于光学狭缝，不允许狭缝过于紧闭，否则会造成刀刃口互相挤压而受损。若狭缝处不清洁，可将狭缝调到适当宽度，用折叠好的软白纸在狭缝内由上而下滑动一次，切不要往复滑动。

（6）调整光学仪器时，要耐心细致，一边观察一边调整，动作要轻、慢，严禁盲目及粗

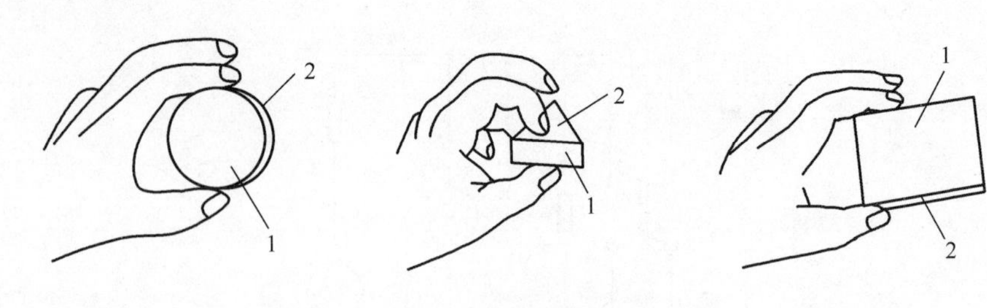

图 2-6-1　手持光学元件的方式

1—光学面;2—磨砂面。

鲁操作。

(7) 仪器用毕应放回盒内或加罩,防止灰尘玷污。

2.7　视　　差

要测准物体的大小,必须将量度标尺与被测物体紧贴在一起。如果标尺远离被测物体,读数将随眼睛位置的不同而有所改变,难以测准,如图 2-7-1 所示。

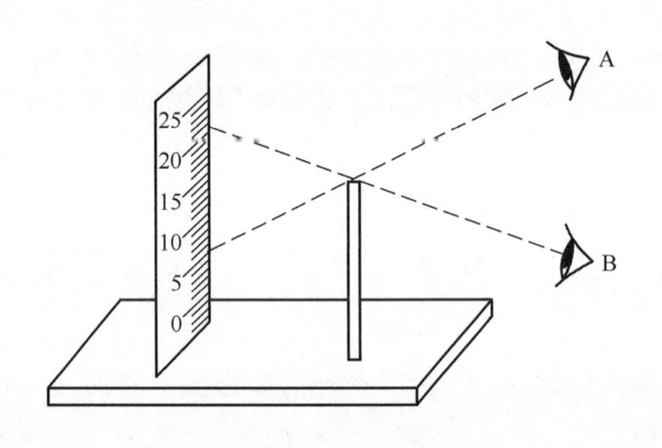

图 2-7-1　视差示意图

在光学实验中经常要测量像的位置和大小,为了测准,也必须使像与标尺紧贴在一起。可以利用有无视差判断像与标尺是否紧贴。

2.8　光　　源

光源的种类很多,在普通物理光学实验中常用的有白炽灯、汞灯、钠灯和 He-Ne 激光器等,下面对它们的性能和使用进行简要介绍。

1. 白炽灯

白炽灯是以热辐射形式发射光能的电光源,它通常用钨丝作为发光体,为防止钨丝在高温下蒸发,在真空玻璃泡内充进惰性气体,通电后温度约2500K达到白炽发光。白炽灯的光谱是连续光谱,可做白光光源和一般照明用。光学实验中所用的白炽灯多属于低电压类型,常用的有3V,6V、12V。在白炽灯中加入一定量的碘、溴就成了碘钨灯和溴钨灯(统称卤素灯)。这种灯有其特别的优点:①灯泡壳不发黑,光较稳定;②允许使用较高的稀有气体气压;③灯的体积小,可选用氪气达到高光效。卤素灯常被用做强光源,使用时除注意工作电压外,还应考虑到电源的功率。

2. 汞灯

汞灯是一种气体放电光源。它是以金属汞蒸气在强电场中发生游离放电现象为基础的弧光放电灯。汞灯有低压汞灯与高压汞灯之分,实验室中常用低压汞灯。其外形结构如图2-8-1所示。正常点燃时发出汞的特征光谱,它的光谱在可见光范围内有十几条分立的强谱线。

在低压汞灯内壁上涂荧光粉,可使汞灯中发生不可见辐射向可见辐射转变。选择适当的荧光物质,则发出的光与日光接近,这种荧光灯称为日光灯。日光灯点燃时发出的光谱既有白光光谱又有汞的特征光谱线。汞灯是强光源,为了保护眼睛,不要直接注视。

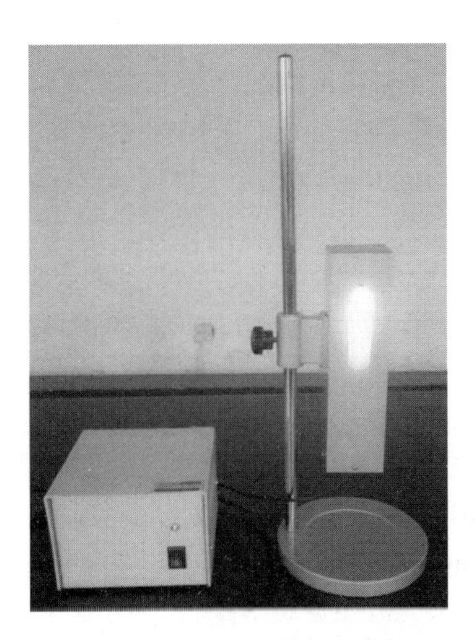

图2-8-1　汞灯的结构示意图

3. 钠灯

钠灯也是一种气体放电光源。它是以金属钠蒸气在强电场中发生游离放电现象为基础的弧光放电灯。实验常用低压钠灯。其外形结构图如图2-8-2所示。点燃后发出波长为589.0nm和589.6nm黄光谱线。由于这两种单色黄光波长较接近,一般不易区分,故常以它们的平均值589.3nm作为钠光的波长值。钠灯可作为实验室一种重要的单色光源。钠灯的使用方法与汞灯相同。

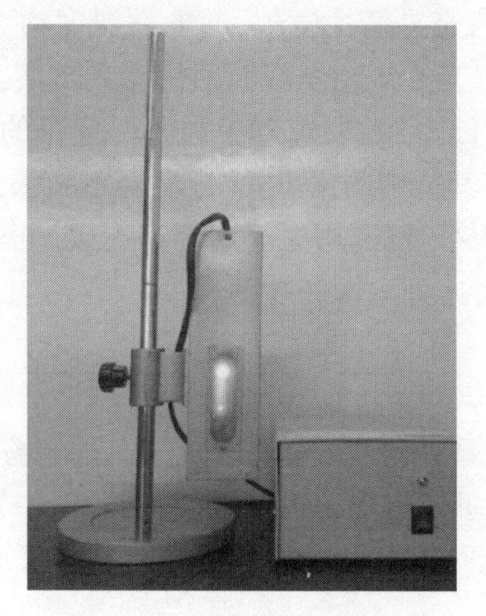

图 2-8-2　钠灯的结构示意图

4. He-Ne 激光器

He-Ne 激光器是 20 世纪 60 年代发展起来的一种新型光源。与普通光源相比，它具有单色性好、发光强度大、干涉性强、方向性好（几乎是平行光）等优点。它能输出波长为 632.8nm 、功率从 0.5mV 到几个毫瓦的橙红色偏振激光。

实验室常用的 He-Ne 激光器由激光工作物质（He、Ne 混合气体）、激励装置和光学谐振腔三部分组成。放电管内的 He、Ne 混合气体，在直流高压激励作用下产生受激辐射形成激光，经谐振腔加强到一定程度后，从谐振腔的一块反射镜发射出去。激光器两端的两个反射镜构成激光器的谐振腔，它是激光管的重要组成部分。点燃时，应先开低压电源，后开高压电源；熄灭时，应先关高压电源，后关低压电源。由于激光管两端加有高压（1200~8000V），操作时应严防触及。即使在激光器关闭后，也不能马上触及两电极，因为电源内电位器的高压还未完全放掉。同时注意激光器正、负极的正确连接，正、负极错误连接会造成阴极溅射，影响激光器两端反射镜的质量。

在光学实验中，可以利用各种光学元件将激光管射出的激光束进行分束、扩束或改变激光束的方向，以满足实验的不同要求。

由于激光管射出的激光束光波能量集中，切勿迎着激光束直接观看激光，未充分扩束的激光可造成人眼视网膜的永久损伤。

2.9　读数显微镜的调节

1. 读数显微镜的结构

读数显微镜特别适用于测量细孔内径、刻痕宽度、刻痕间距等用卡尺、螺旋测微器难以测量的对象。

实验室常用的读数显微镜如图 2-9-1 所示，镜筒可以上下、左右移动，旋转调焦手轮

镜筒可以上下移动，转动测微鼓轮镜筒可以左右移动。测量时，显微镜中的叉丝依次对准被测物像上的两个位置，即可从标尺和测微鼓轮上分别得到对应位置的数值，两个数值的差就是被测物体上两位置之间的距离。测微鼓轮一周是 100 个小格，其转动一周可使镜筒平移 1mm，其转动 1 小格，镜筒相应平移 0.01mm。

图 2-9-1　读数显微镜

2. 读数显微镜的使用方法

（1）将被测物体放在载物平台上，要求被测表面与镜筒的光轴垂直。

（2）调节目镜，改变目镜与十字分划板的间距，使得十字叉丝清晰。

（3）从下往上转动调焦手轮，改变镜筒与被测物体的间距，以便在目镜中看到一个清晰的物像。

（4）转动测微鼓轮，使十字分划板的纵线和待测物体一边相切，读出此位置对应的读数 l，然后沿同一方向转动测微鼓轮，十字叉丝纵线与待测物体上的另一边相切，这时读数为 l'，两读数之差的绝对值 $\Delta l = |l - l'|$ 就是待测物体上这两个位置间的距离。

3. 注意事项

（1）调节显微镜时，镜筒要自下而上缓慢调整，以免损伤物镜镜头或压坏被测物件，如光学器件牛顿环。

（2）使用读数显微镜测量时，水平移动旋钮只能向一个方向旋转，不得中途倒转，以免"空转"引起误差。

（3）测量读数时防止实验装置受到震动。

2.10　分光仪的调节和使用

分光仪（又称为分光计）是用来精确测定光波经过光学元件棱镜、平面镜、光栅等的偏转角的测角仪器，常与其他仪器配合用来研究光学现象或测定折射率、光波波长等。熟悉分光仪的使用具有很大的实用价值。

1. 分光仪结构

JJY 型 1′分光仪由三脚架座、自准直望远镜、载物平台、平行光管和读数圆盘五个部分组成，如图 2-10-1 所示。

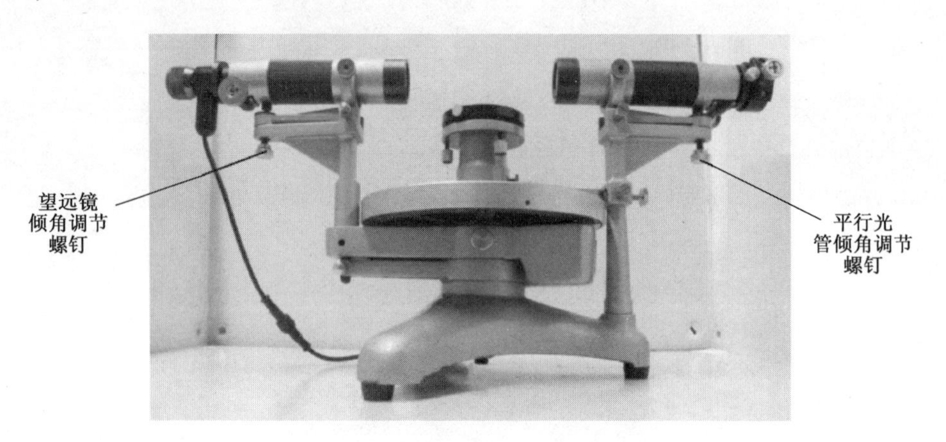

图 2-10-1　JJY 型 1′分光仪的结构示意图

1）三脚架座

它是整个分光仪的底座，架座中心有一垂直方向的转轴。望远镜、读数圆盘和载物平台均可绕该轴转动。在一个底脚的立柱上装有平行光管。

2）望远镜

分光仪中采用的是自准直望远镜，其结构如图 2-10-2 所示。它由物镜、叉丝分划板和目镜组成，为了便于调节，分别装在三个套筒中，彼此可以相对滑动。叉丝分划板 5 固定在 B 筒上，目镜装在 B 筒里，并可沿 B 筒前后移动，以改变目镜与叉丝的距离，使叉丝能调到目镜的焦平面上。物镜(是消色差的复合正透镜)固定在 A 筒的另一端，B 筒可沿 A 筒滑动，以改变叉丝与物镜的距离，使叉丝既能调到目镜焦平面上，又能调到物镜焦平面上。

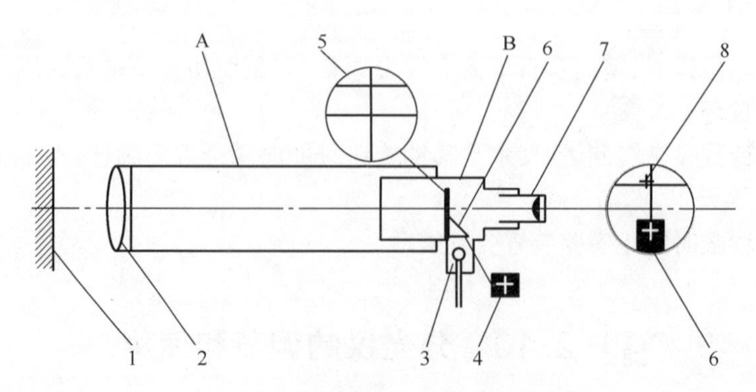

图 2-10-2　自准直望远镜结构示意图

1—反射镜；2—物镜；3—小电珠；4—+形叉丝；5—分划板；6—小棱镜；7—目镜；8—+形反射像。

这种自准直望远镜的目镜和叉丝分划板间装有一个与镜轴成45°角的反射小棱镜。在小棱镜紧贴叉丝分划板的直角面上，刻有一个“+”形透光的叉丝。套筒B上正对小棱镜的另一直角处开有进光孔，并装有一小灯。小灯的光进入小孔后经小棱镜照亮“+”形叉丝。如果叉丝平面正好处在物镜的焦面上，从叉丝发出的光经物镜后成为平行光。如果反射镜将这束光反射回来，再经物镜成像于其焦平面上，那么从目镜中可以同时看到叉丝分划板和“+”形叉丝的反射像，且两者间无视差。若望远镜主光轴与反射镜面垂直，则目镜里看到的“+”形叉丝像应与叉丝分划板的上交点相重合。

3）载物平台

载物平台用来放置待测光学元件。平台下方装有三个螺钉，这三个螺钉的中心形成一个正三角形，用来调节平台的倾斜度。松开载物台锁紧螺钉时，载物平台可以绕中心轴旋转或升降；旋紧螺钉和游标盘止动螺钉时，借助立柱上的调节螺钉可以对载物台进行微调。

4）平行光管

平行光管由狭缝和透镜组成，它的作用是产生平行光。管筒安装在架座的一只脚上，管筒的一端装有一个消色差的复合正透镜，另一端是装有狭缝的可伸缩的套筒，调节狭缝宽度螺钉可改变狭缝的宽度。若用光源把狭缝照明，前后移动装有狭缝的套筒，改变狭缝和透镜间的距离，使狭缝落在透镜的主焦面上，就可以产生平行光。

5）读数圆盘

读数圆盘由刻度圆盘和游标盘组成，如图2-10-3所示。刻度盘可绕轴转动，盘的边缘一周均匀刻着0°~360°的分度线，每一个是0.5°，即最小刻度值为0.5°，圆盘对径方向设有两个游标盘，当刻度盘和望远镜被固定时，载物平台转过的角度可以从游标读出。反之，当载物平台被固定时，望远镜（连同刻度盘）转过的角度也可从游标读出。角游标读数的方法与游标卡尺的读数方法相似，先以角游标的零线为准读出“度”数，再找游标上与刻度盘正好重合的刻线，即为所求之“分”数。读数时应注意，当望远镜沿角度增加方向转动某角度φ，且过读数盘中的360°时，实际转角$\varphi=(360°+\theta_{终})-\theta_{起}$，当望远镜沿角度减小方向转动角度$\varphi$，且过读数盘360°时，则转角$\varphi=(360°-\theta_{终})+\theta_{起}$。

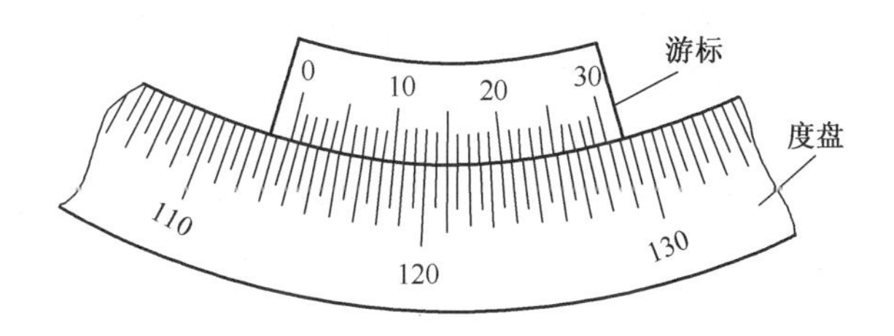

图2-10-3 读数圆盘

为了提高读数的精度，消除刻度盘与分光仪中心轴之间的偏心差，每次测量都应从刻度盘两侧左、右游标读数，再取其平均值。

2. 分光仪的调节

为了精确测量，必须进行分光仪的调节，达到三个目的：

（1）望远镜聚焦于无穷远；

(2) 调节望远镜与分光仪的中心转轴垂直;

(3) 调节平行光管使其产生平行光。

调节(1)的具体方法:①调节目镜视度调节手轮使分划板聚焦于目镜焦平面;调节载物台的倾斜度,使载物台尽量与仪器转轴垂直;调节望远镜倾角调节螺钉,使望远镜光轴与载物台平行。②调节“ + ”形叉丝聚焦调节旋钮,看到清晰的“ + ”形叉丝的像,这时保证望远镜聚焦于无穷远,如图 2-10-4(a)所示。

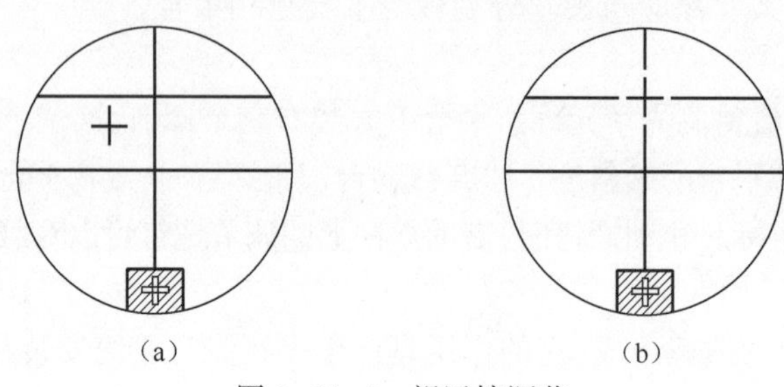

图 2-10-4　望远镜调节

调节(2)的具体方法:将载物平台上的三条线分别与调节平台的三个螺丝 1、2、3 对齐,平面镜放到载物平台上,这时使平面镜底座的一条边与其中 1 号线重合,从目镜中找到“ + ”形叉丝,并将“ + ”形叉丝调节到分划板的上边“ + ”字交点处。要达到此目的,需要通过调节 2 号(或 3 号)和望远镜倾角调节螺钉 4 号,具体步骤是先调 2 号使“ + ”形叉丝的像与分划板上方交点间的距离移近一半,再调节 4 号螺丝使“ + ”形叉丝的像与上交点重合,然后把载物台转 180°,重复上述调节若干次,直到平面镜任意一面正对望远镜时,“ + ”形叉丝的像与分划板的上边“ + ”字交点重合(图 2-10-4(b)),说明镜面已经与仪器转轴平行,望远镜光轴已经与仪器转抽垂直,此后望远镜倾角调节螺钉 4 不能再调节。上述调节完成后,将平面镜底边与载物平台上的另外两条线中的任意一条重合,这时只调节 1 号螺丝,使“ + ”形叉丝的像与分划板的上边“ + ”字交点重合,这说明载物台法线与仪器转轴平行。

调节(3)的方法:①用目视法把平行光管大致调节到与望远镜光轴相一致。松开狭缝并成竖直位置,再使光源照亮缝,将望远镜正对平行光管。②前后移动狭缝,使狭缝位于物镜焦面上,从望远镜中便看到清晰的狭缝像,这时平行光管发出的光即为平行光。③先使铅直位置的狭缝像与分划板下方“ + ”交点的横线重合,如图 2-10-5 所示。然后使狭缝转 90°,使平行光与分叉板的竖线重合,如果不重合,调节平行光管倾角调节螺钉 5,以此达到目的。

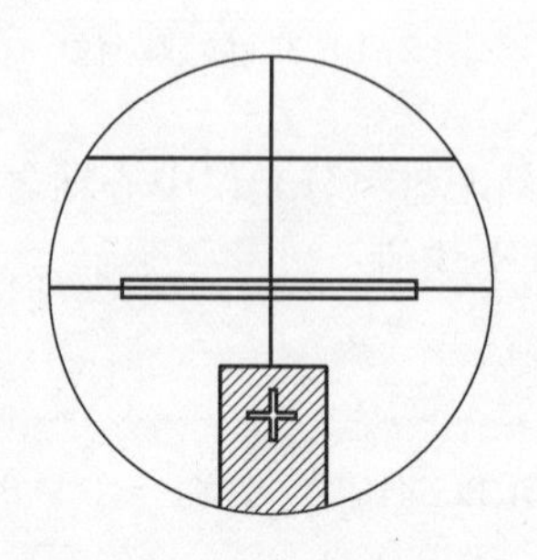

图 2-10-5　平行光的调节

2.11　示　波　器

阴极射线示波器(简称示波器)是一种用来显示各种电压波形的仪器。它的显示器是方形的荧光屏,当示波管中高速运动的电子打在屏上时,即能发光,由光迹可以指示电压波形和幅值大小以及交流电压的频率等,把原来肉眼看不见的电压变化转换成可见的图像。示波器可以用来直接观察各种电信号的波形,测量其幅值、频率以及同频率的两个简谐电信号的相位差等,如果利用相应的换能器,还可以将机械、温度、压力、速度等非电学量转化成电压量,进行间接测量。

示波器的型号很多,本节内容重点介绍 YB4320 的基本结构原理及主要功能。YB4320 示波器的面板布置如图 2-11-1 所示。

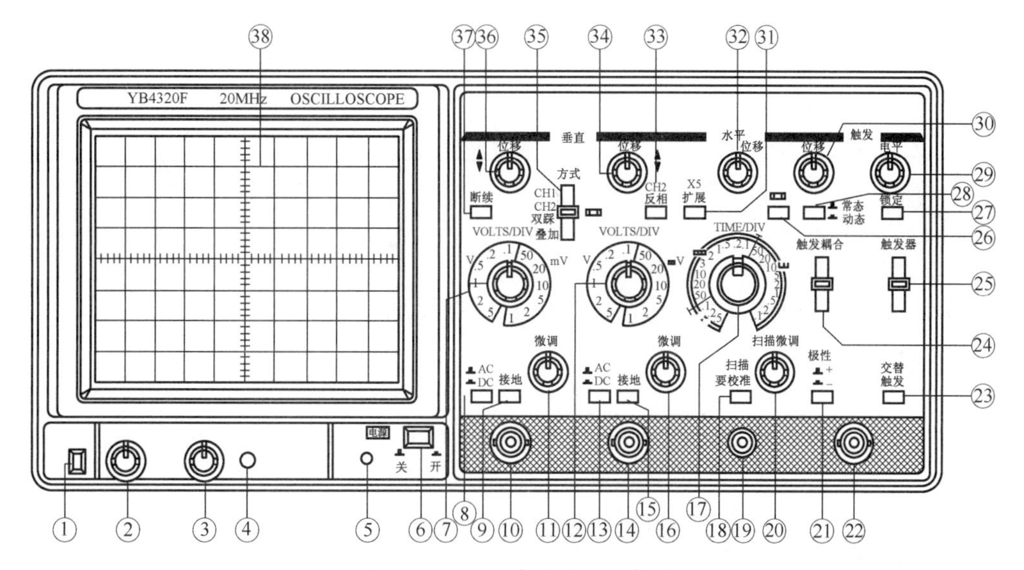

图 2-11-1　示波器面板示意图

1. 主机电源

⑥ —电源开关:将电源开关按键弹出即为“关”,将电源线接入,按电源开关键,接通电源。

⑤ —电源指示灯:电源接通时,指示灯亮。

② —辉度旋钮:控制光点和扫描线的亮度,顺时针方向旋转旋钮,亮度增强。

③ —聚焦旋钮:用辉度旋钮将亮度调至合适的标准,然后调节聚焦旋钮直到光迹达到最清晰的程度。虽然调节亮度时聚焦电路也可自动调节,但聚焦有时也会有轻微变化,若出现这种情况,则需重新调节聚焦旋钮。

④ —光迹旋转:由于受到磁场的作用,光迹有时在水平方向会轻微倾斜,此时用该旋钮调节使光迹与水平刻度平行。

㊳ —显示屏:仪器的测量显示终端。

2. 垂直方向部分

⑩ —通道1输入端:该输入端用于垂直方向的输入,在 $X-Y$ 方式时,作为 X 轴输入端。

⑭ —通道2输入端:也用于垂直方向的输入,但在 $X-Y$ 方式时,作为 Y 轴输入端。

⑧ ⑨ ⑬ ⑮ —交流(AC)、直流(DC)、接地:输入信号与放大器连接方式选择开关

⑧ ⑬ —直流(DC):放大器输入与信号输入端直接耦合。

⑧ ⑬ —交流(AC):放大器输入端与信号连接由电容器来耦合。

⑨ ⑮ —接地:输入信号与放大器断开,放大器的输入端接地。

⑦ ⑫ —衰减器开关:用于选择垂直偏转系数,共12挡。

⑪ ⑯ —垂直微调旋钮:垂直微调可用于连续改变电压偏转系数。此旋钮在正常情况下应该位于顺时针方向旋转到底的位置。若将旋钮逆时针旋转到底,垂直方向的灵敏度会下降。

㊲ —断续工作方式开关:该旋钮按下去则两个通道按断续方式工作,断续频率为250kHz,适用于低扫速。

㉞ ㊱ —垂直位移:用于调节光迹在屏幕中的垂直位置。

㉟ —垂直方式工作开关:用于选择垂直方向的工作方式:选择CH1屏幕上仅显示1通道的信号;选择CH2屏幕上仅显示2通道的信号;同时按下去,屏幕上显示双踪,自动以交替或断续方式,同时显示两个通道的信号。

㉝ —CH2反向开关:按下此开关显示CH2的反相信号。

3. 水平方向部分

⑰ —主扫描时间系数选择开关:共有20挡,在0.1μs/div～0.5s/div范围选择扫描速率。

⑳ —扫描微调控制键:此旋钮顺时针方向旋转到底时,处于校准位置,扫描由Time/div开关指示,扫描减慢。

㉜ —水平移位:用于调节光迹在水平方向的移动。顺时针方向旋转该旋钮时光迹向右移动,逆时针方向旋转该旋钮光迹向左移动。

㉛ —扩展控制键:当按下去时,扫描因数×5扩展。扫描时间是Time/div开关指示数值的1/5。

⑲ —接地端子:示波器外壳的接地端。

4. 触发系统

㉕ —触发源选择开关:通道1触发(CH1, $X-Y$),CH1通道信号为触发信号,当工作方式在 $X-Y$ 方式时,应设置于此挡;通道2触发(CH2),CH2通道的输入信号是触发信号;电源触发,电源频率信号为触发信号;外触发,输入端的触发信号是外部信号,用于特殊信号的触发。

㉓ —交替触发:在双踪交替显示时,触发信号来自于两个垂直通道,此方式可用来同时观察两路不相关的信号。

㉒—外触发输入：用于外部触发信号的输入。

㉙—触发电平旋钮：用于调节被测信号在某选定电平触发，当旋钮转向"+"时显示波形的触发电平上升，反之触发电平下降。

㉗—电平锁定：不管信号如何变化，触发电平可以始终自动保持在最佳位置，不需要人工进行调节。

㉑—触发极性按钮：触发极性选择。

㉘—触发方式选择：选择"自动"，则扫描电路自动进行扫描。在没有信号输入或输入信号没有被触发同步时，屏幕上仍然可以显示扫描基线；选择"常态"时必须有触发信号才能扫描，否则屏幕上无扫描线基线显示。当输入信号的频率低于50Hz时，用"常态"触发方式。

第3章 基础性实验

3.1 受迫振动的研究

在机械制造和建筑工程等科技领域中,受迫振动所导致的共振现象引起工程技术人员的注意,这种共振现象既有破坏作用也有许多实用价值。众多电声器件就是运用共振原理设计制作的。

表征受迫振动性质的是受迫振动的振幅-频率特性(简称幅频特性)和相位-频率特性(简称相频特性)。

【实验目的】

(1) 研究扭摆的阻尼振动规律,测定不同阻尼条件下的阻尼因数;

(2) 研究在简谐型外力矩作用下扭摆的受迫振动规律,观察共振现象,并描绘扭摆在不同阻尼条件下的幅频特性曲线和相频特性曲线;

(3) 研究不同的阻尼对受迫振动的影响。

【实验原理】

振动系统在周期性的外强迫力作用下发生的运动为受迫振动。如果所加周期性的外强迫力按照简谐振动规律变化,则可以证明稳定状态的受迫振动也是简谐振动。此时,振幅将保持恒定,其振幅的大小与外强迫力的幅度、频率、本振动系统的固有频率及外加阻尼的大小有关;而且振动系统的振动和外强迫力之间存在相位差;特别当外强迫力的频率与系统的固有频率相同时,即会产生共振,振动系统达到最大振幅。

作为外力周期性变化的振动系统的典型模型,本实验是以玻尔共振仪上摆轮做扭摆运动来研究其受迫振动规律的,研究这样的振动系统将有助于我们了解实际的振动系统在受迫振动情况下的主要特点。玻尔共振仪结构如图3-1-1所示。

设J为玻尔共振仪摆轮的转动惯量,摆轮运动时,设摆轮有一任意角位移θ,则盘形弹簧作用在摆轮上的弹性恢复力矩为$-k\theta$(k为盘簧的弹性系数);摆轮运动受到的阻尼力矩为$-b\dfrac{d\theta}{dt}$(b为阻尼常数,$\dfrac{d\theta}{dt}$为摆轮的角速度);当摇杆使盘形弹簧顶部位移一个角度ψ时,其外强迫力矩为$k\psi$,由此摆轮的运动方程为

$$J\frac{d^2\theta}{dt^2}=-k\theta-b\frac{d\theta}{dt}+k\psi \tag{3-1-1}$$

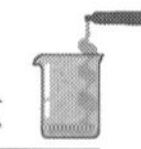

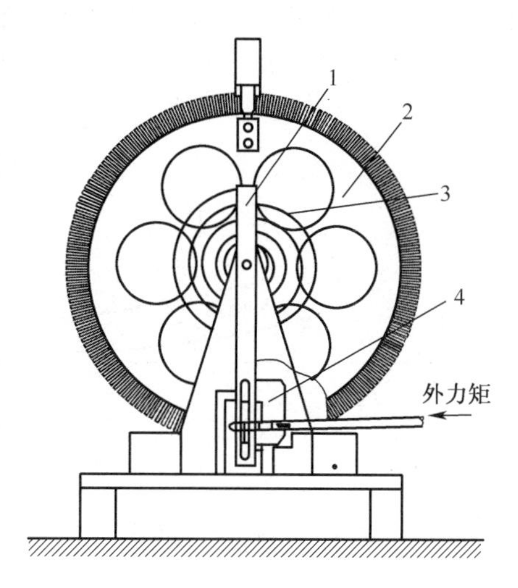

图 3-1-1　玻尔共振仪结构

1—摇杆;2—摆轮;3—盘形弹簧;4—阻尼线圈。

方程式(3-1-1)两边除以 J ,则式(3-1-1)可写为

$$\frac{\mathrm{d}^2\theta}{\mathrm{d}t^2} + \frac{k}{J}\theta + \frac{b}{J}\frac{\mathrm{d}\theta}{\mathrm{d}t} - \frac{k}{J}\psi = 0 \tag{3-1-2}$$

方程式(3-1-2)的解,根据阻尼振动与强迫振动的情况而有所不同。

1. 阻尼振动

若外强迫力矩为零,并令 $2\beta = b/J$ (β 为阻尼因数), $\omega_0^2 = k/J$ (ω_0 为摆轮的固有频率),则摆轮的阻尼动方程为

$$\frac{\mathrm{d}^2\theta}{\mathrm{d}t^2} + 2\beta\frac{\mathrm{d}\theta}{\mathrm{d}t} + \omega_0^2\theta = 0 \tag{3-1-3}$$

方程式(3-1-3)的解,分三种情况讨论:

(1) $\beta^2 > \omega_0^2$,此时为摆轮的过阻尼振动状态,即

$$\theta = C_1\mathrm{e}^{-\left(\beta - \sqrt{\beta^2-\omega_0^2}\right)t} + C_2t\mathrm{e}^{-\left(\beta - \sqrt{\beta^2-\omega_0^2}\right)t} \tag{3-1-4}$$

式中: C_1、C_2 由初始条件决定。

(2) $\beta^2 = \omega_0^2$,此时为摆轮的临界阻尼状态,即

$$\theta = (C_1 + C_2t)\mathrm{e}^{-\beta t} \tag{3-1-5}$$

式中: C_1、C_2 由初始条件决定。

(3) $\beta^2 < \omega_0^2$,此时为摆轮的欠阻尼振动状态,即

$$\theta = \theta_0\mathrm{e}^{-\beta t}\cos\omega t \tag{3-1-6}$$

式中: θ_0 为摆轮的初始振幅;ω 为摆轮的圆频率, $\omega = \frac{2\pi}{T}\sqrt{\omega_0^2 - \beta^2}$, T 为摆轮的周期。

以上摆轮的三种运动情况可分别由图 3-1-2 的曲线表示。本实验中,只研究摆轮阻尼振动的第三种情况。

由式(3-1-6)可知,阻尼振动时,摆轮的振幅随时间按指数规律衰减,即

$$\theta_i = \theta_0 e^{-i\beta t} \tag{3-1-7}$$

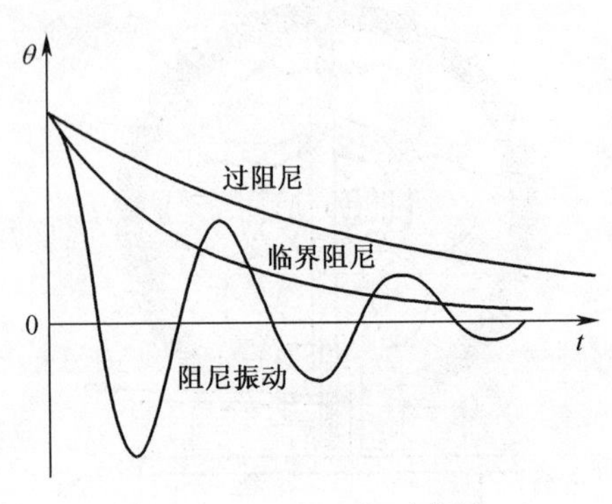

图 3-1-2　阻尼振动曲线

式中:θ_0 为某一起始振幅;θ_i 为第 i 个周期后的振幅。

对式(3-1-7)取对数

$$\ln\theta_i = \ln\theta_0 - i\beta t \tag{3-1-8}$$

式(3-1-8)为一线性方程。实验中只要测得对应于各 iT 的角振幅值,用作图法求得相应各不相同阻尼情况下的阻尼因数 β 值。

2. 摆轮的受迫振动

当摆轮在有阻尼的情况下还受到简谐型外力矩的作用时,摆轮的运动方程为

$$\frac{d^2\theta}{dt^2} + 2\beta\frac{d\theta}{dt} + \omega_0^2\theta = \omega_0^2\psi \tag{3-1-9}$$

方程式(3-1-9)的通解有两项:第一项为阻尼振动项,经过一定的时间后将衰减消失;第二项为外力矩对摆动做功,向摆轮传递能量,最后达到一个稳定的振动状态。由于实验中所有的测量都是在阻尼振动项衰减到零这样长的时间后进行的,由此可求出摆轮的稳定解。

可以证明,方程式(3-1-9)的稳定解为

$$\theta = \theta_0\cos\omega t \tag{3-1-10}$$

式中:ω 为外力矩的圆频率;θ_0 为摆轮做稳定简谐振动时的角振幅,且有

$$\theta_0 = \frac{M}{\sqrt{(\omega_0^2 - \omega^2)^2 + 4\beta^2\omega^2}} \tag{3-1-11}$$

其中:M 为外强迫力矩,$M = \omega_0^2\psi_0$,ψ_0 为外力矩激励时卷簧的最大幅角。

摆轮的振动落后于外强迫力矩的相位差为

$$\varphi = \arctan\frac{2\beta\omega}{\omega_0^2 - \omega^2} \tag{3-1-12}$$

由式(3-1-11)和式(3-1-12)可知,在外强迫力矩作用下,达到稳定振动状态时,其振幅和相位差的数值取决于外强迫力矩 M、圆频率 ω、系统的固有频率 ω_0 和阻尼因数 β 四个参量,而与振动的起始状态无关。

对式(3-1-11)的角振幅求极值,由 $\frac{\partial}{\partial\omega}[(\omega_0^2-\omega^2)^2+4\beta\omega^2]=0$ 的极值条件可得出:当强迫力矩的圆频率 $\omega=\sqrt{\omega_0^2-2\beta^2}$ 时, θ_0 有极大值,即产生共振。共振时,圆频率和振幅分别为

$$\omega_r=\sqrt{\omega_0^2-2\beta^2} \tag{3-1-13}$$

$$\theta_r=\frac{m}{2\beta\sqrt{\omega_0^2-\beta^2}} \tag{3-1-14}$$

式(3-1-13)和式(3-1-14)表明,阻尼因数越小,共振时的圆频率越接近于系统的固有频率,振幅也越大。

式(3-1-12)表明,当 $\omega \ll \omega_0$ 时,即外加力矩的圆频率很低时, $\tan\varphi\to0$ 即 $\varphi\to0$,摆动的运动和外加力矩同相, ω 在增加时,外加力矩超前摆轮的相位差 φ 也越来越大。

图 3-1-3 和图 3-1-4 分别表示在不同 β 值时,受迫振动的角振幅 θ 及相位差 φ 随外加力矩的圆频率变化的幅频特性和相频特性曲线。

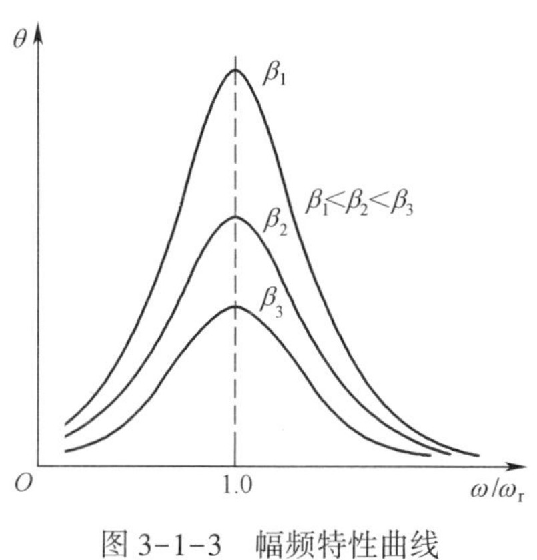

图 3-1-3　幅频特性曲线

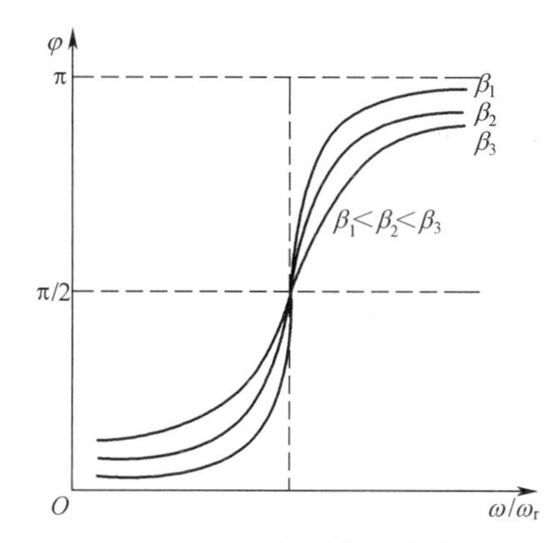

图 3-1-4　相频特性曲线

【实验仪器】

玻尔共振仪由振动仪和测探单元两部分组成。

振动仪的结构如图 3-1-5 所示。摆轮 1 为一铜质圆盘,其外缘开有间隔为 1°的槽口,摆轮的转轴安装在机架上,它与盘形弹簧 2 的内端相连,盘形弹簧的外端固定在摇杆 11 上,由它把外强迫力矩(激励)传递到摆轮上。摇杆 11 与连杆 5 相连,连杆 5 的另一端与偏心轮 16 相连,偏心轮及带有挡光刻线的有机玻璃激励信号转盘 6 均安装在电动机轴上。电动机的转动周期可由调速机构调节,并通过安装在电动机角度读数盘 7 上方的光电门(激励)10 进行测量。机架下方有一对阻尼用电磁铁,摆轮 1 悬嵌在铁芯的空隙之内,当电磁铁线圈通上电流后,摆轮在摆动过程中将受到电磁阻尼力的作用,通过改变电流的大小,即可达到改变阻尼大小的目的。

为测量摆轮摆动的周期和摆幅,摆轮在受外力矩作用的平衡位置时,在其零分度位置上方装有光电门组 8,它由前后两个光电门组成,安装在摆轮零分度处的挡光片 3 从前面

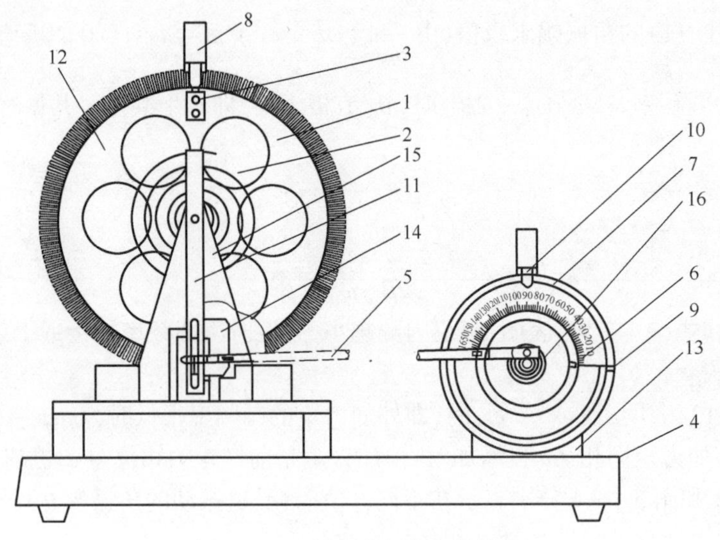

图 3-1-5　玻尔共振仪主体结构

1—摆轮；2—盘形弹簧；3—光电门挡光片；4—基座；5—连杆；6—激励信号转盘；7—角读数盘；8—光电门组；9—挡光片；10—光电门(激励)；11—摇杆 F；12—摆轮刻度；13—电动机组件；14—阻尼线圈；15—前支撑板；16—偏心轮。

的光电门通过，摆轮外缘的槽口则从后面的光电门通过。摆动时挡光片 3 和摆轮外缘槽口分别对前后两个光电门挡光；前者用以对摆轮摆动的周期(或频率)进行测量，而后者用以对摆幅的测量，原理是，当安装在摆轮零分度外的挡光片 3 的前沿对前面的光电门挡光时，即控制相应于光电门组(门)后面的计数电路打开，且光电门对摆轮外缘槽口的挡光状态进行计数，直到摆轮回摆，挡光片 3 再次挡光时，停止计数，该数除以 2 即是以角度表示的摆幅值。

受迫振动时，外强迫力矩与摆轮摆动的相差 φ 的测定，是根据外强迫力矩和摆轮相继各自朝正方向变化时，经过零位的时间差 Δt 换算得到的，假设此时电动机驱动的圆频率为 ω，则相差为

$$\varphi = \frac{360^\circ}{T}\Delta t = \frac{180^\circ}{\pi}\omega\Delta t$$

根据以上的原理，测控单元可直接以角度值显示其相差。

测控单元的前面板如图 3-1-6 所示。

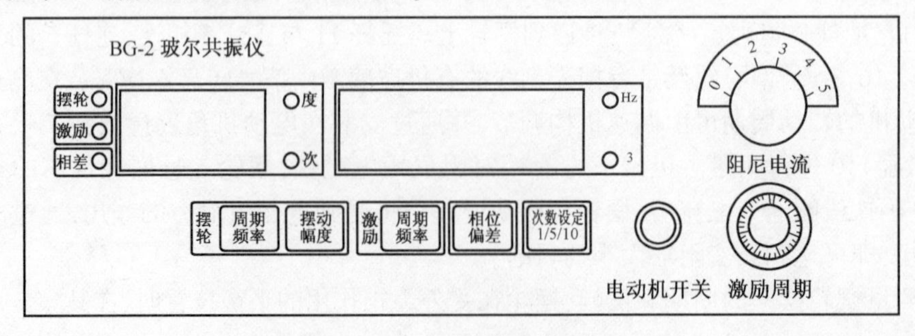

图 3-1-6　测控单元前面板

来自振动仪的三个光电门信号通过 9 芯航空插头连接到测控单元后面板的“信号输入”端，后面板的“控制输出”插座输出的信号通过电缆分别与振动系统的电动机和阻尼线圈相连，以实现对激励与阻尼的控制。

测控单元前面板各按钮、选择开关及显示屏的功能如下：

(1) 激励周期：利用多圈电位器可以精确地改变加于驱动电动机上的电压，使电动机的转速在实验范围内连续可调。

(2) 阻尼电流：用以改变阻尼线圈中电流值，使阻尼力矩的大小做相应变化。

(3) 三位显示：可自动显示摆轮摆动的幅度、出厂设定振动次数，以及计时过程中递减的次数值、相位差的度数值。

(4) 五位显示：可自动显示摆轮与激励源的周期和频率。

(5) 功能按键：

① 摆轮周期(频率)：根据选择，执行摆轮周期或频率的测量和显示。

② 摆动幅度：用以检测和显示摆轮的摆动幅度，以角度值显示。

③ 激励周期(频率)：根据选择，执行摆轮周期或频率的测量和显示。

④ 相位偏差：用以检测和显示摆轮在稳定摆动时驱动力矩超前摆轮的相差，以角度值显示。

⑤ 次数设定：用以在周期测量前设定需要检测的周期次数，可分别选择 1、5、10。

(6) 功能指示：指示被测的物理量以及量值的单位和检测的次数。

① 摆轮：灯亮表明摆轮的摆幅、周期或频率的测量。

② 激励：灯亮表明激励源的周期或频率的测量。

③ 相差：灯亮表明摆轮与激励之间的相位差测量。

④ 度：指明摆幅和相位差测量中相应的单位。

⑤ 次：灯亮指明摆轮或激励过程开始计时并指明周期数的递减进程，在次数设定中，灯亮则表明进行次数设定。

⑥ 秒：灯亮表明摆轮或激励周期测量过程结束，并指明周期的单位“s”。

⑦ 赫：按下“周期/频率”键，由周期换算成频率时，指明摆轮或激励的频率，单位为“Hz”。

【实验内容】

1. 测定阻尼因数

进行本实验时，切断电动机开关，使外强迫力矩等于零，然后拨动摆轮，使其左右自由摆动。选择流过阻尼线圈的电流大小(可选 2、3、4 挡)，对每种阻尼情况，利用摆幅测量方法，读出各挡阻尼振动衰减时的各次振幅 $\theta_0, \theta_1, \cdots, \theta_n$ 。利用公式 $i\beta T = \ln \dfrac{\theta_0}{\theta_i}$ 可求出 β 值。式中的周期 T 可利用摆轮的周期测试功能进行测量。在阻尼因数小而使振幅衰减缓慢时，可以相隔几个周期(如每 3 个周期)读一次振幅。振幅必须选取同一方向，即平衡位置右(或左)向的读数。θ_0 值应选取较大的数值。

2. 测定受迫振动的幅频特性和相频特性曲线

分别选择2至3挡不同的阻尼电流,改变电动机的转速,即改变外强迫力矩的圆频率 ω,每次均在受迫振动达到稳定后,利用激励周期的测试功能测出外强迫力矩的周期 T(或 ω),再利用摆支幅度及相位偏差的测试功能分别测出相应的摆幅 ω_0 及相差 φ 值。改变外强迫力矩的圆频率 ω,重复以上的测量。根据测试数据,作出幅频特性 $\theta-\omega/\omega_r$ 曲线及相频特性 $\varphi-\omega/\omega_r$ 曲线。

实验中 ω 的变化由小到大达到共振点附近时,由于曲线变化较大,测量数据点必须更加密集些。

【数据记录与处理】

将摆轮做阻尼振动时的振辐数据记录在表3-1-1中。

表3-1-1 摆轮做阻尼振动时的振幅数据表 T=____

振幅/(°)				$\ln\frac{\theta_i}{\theta_{i+5}}$
θ_0		θ_5		
θ_1		θ_6		
θ_2		θ_7		
θ_3		θ_8		
θ_4		θ_9		
				平均值

将幅频和相频特性测量数据记录在表3-1-2中。

表3-1-2 幅频和相频特性测量数据记录表

$T(n)$	$\omega=\frac{2\pi}{T}(\mathrm{s}^{-1})$	$\varphi/(°)$	$\theta/(°)$	$\frac{\omega}{\omega_r}$

【分析与思考】

1. 阻尼因数 β 的大小(阻尼的大小)对幅频特性曲线的影响。
2. 相差 φ 随 ω 变化的规律。

3.2 示波器的原理与使用

示波器能够直接显示电压波形或函数图形,并能够测量电压、频率和相位等参数。一切可以转化为电压信号的电学量和非电学量(如温度、位移、压力、磁场、光强、频率等)均可用示波器来观察测量。现代示波器的频率响应可从直流至10^9Hz;它可以观察连续信号,也能捕捉到单个的快速脉冲信号并将它存储起来,定格在屏幕上供分析和研究。示波器是一种用途广泛的电子测量仪器。

示波器的种类很多,功能也各异,如可同时观测两个信号的双踪示波器,以及具备“记忆”功能的存储示波器。本实验作为示波器的基础实验。以 YB4320 型通用电子示波器为例,来介绍模拟示波器的基本结构、原理与使用方法。

【实验目的】

(1) 了解模拟示波器的工作原理,学会使用示波器;
(2) 用示波器观察电压信号的波形并会定量测量其振幅和周期(或频率);
(3) 使用示波器观察李萨如图形,并精确测量待测信号的频率。

【实验仪器】

双踪示波器、函数信号发生器、待测信号发生器。

【实验原理】

模拟示波器的主要组成:示波管、垂直放大器(Y 放大器),水平放大器(X 放大器),扫描、整步装置和直流电源等,如图 3-2-1 所示。

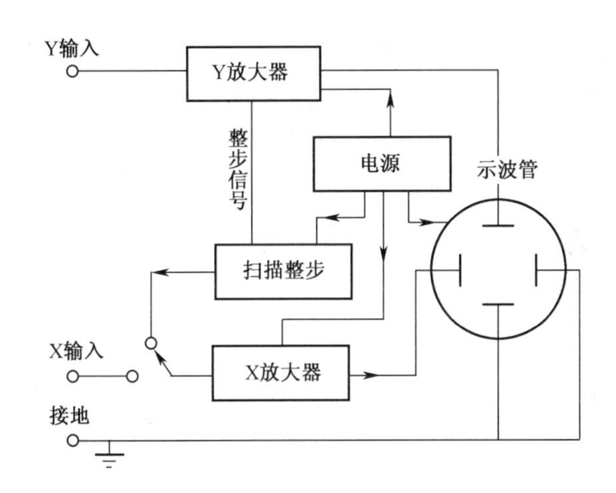

图 3-2-1　示波器的组成

1. 示波管

示波管又称为阴极射线管(CRT),基本结构如图 3-2-2 所示,主要包括电子枪、偏转系统和荧光屏三个部分,全部密封在高真空的玻璃外壳内。

电子枪:由灯丝、阴极、控制栅极、第一阳极和第二阳极五部分组成。灯丝通电后变得炽热从而加热阴极,阴极表面涂有氯化物,被灯丝加热后发射出电子。控制栅极是一个顶端有小孔的圆筒,套在阴极外面,栅极的电位比阴极低,用来控制阴极发射的电子数,从而控制荧光屏显示光斑的亮度。面板上的“辉度”旋钮实际就是调节该电位。第一阳极和第二阳极加有直流高压,使电子加速,另一方面构成聚焦电场,对从栅极射出的方向不同的电子起会聚作用,能把电子束会聚成一点,即“聚焦”。

偏转系统:由两对互相垂直的偏转板组成,第一对是竖直(或 Y)偏转板,第二对是水

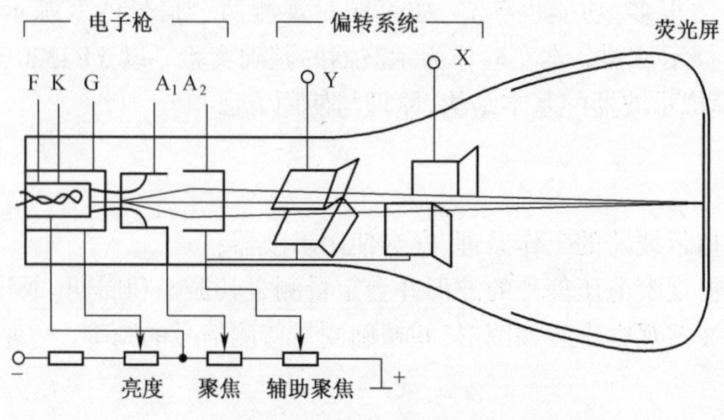

图 3-2-2　示波管结构

F—灯丝；K—阴极；G—控制栅极；A_1—第一阳极；

A_2—第二阳极；Y—竖直偏转板；X—水平偏转板。

平(或 X)偏转板。在偏转板上加以电压，电子束通过时，其运动方向受电场力的影响而发生偏转，从而使电子束在荧光屏上产生的光斑的位置也发生变化，这样电子束就能达到荧光屏上的任何一点。

在荧光屏的内表面涂有一层荧光物质，电子打上去使荧光物质受激发光，形成光斑。不同的荧光粉发光的颜色不同(有黄、绿、蓝、白)，发光过程的延续时间也不同。一般来说，高频示波器选用短余辉示波管，慢扫描示波器选用长余辉示波管。

在荧光屏上有刻度，供测定光点位置用。刻度的每 1 大格长度为 1cm。

2. 示波器显示波形的原理

当示波器的两对偏转板不加任何信号时，电子束直线前进，荧光屏的光点是静止的。

如果只在垂直偏转板上加一交变的正弦电(如 $u_y = u_{ym}\sin\omega t$)，则电子束的亮点将随电压的变化在竖直方向来回运动。如果电压频率较高，则由于荧光物质的余辉现象和人眼的视觉残留效应，看到的将是一条竖直的亮线(图 3-2-3)，线段的长度与正弦波的峰值成正比，另外还与 Y 放大器的放大倍数有关。

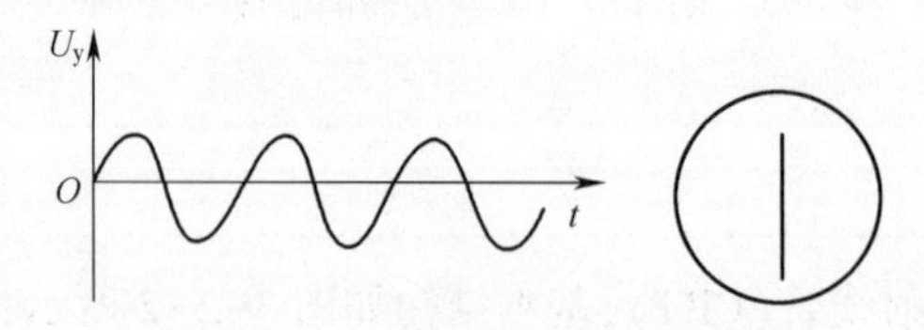

图 3-2-3　垂直板上加正弦电压

要在荧光屏上展现出正弦波形，就要将光点沿水平方向展开，为此，必须同时在水平偏转板上加一随时间做线性变化的电压 u_x，称其为扫描电压(图 3-2-4)。其特点是从$-u_{xm}$开始随时间成正比地增加到 u_{xm}，然后又突然地返回到 $-u_{xm}$，此后再重复地变化。这种扫描电压随时间变化的关系曲线形同“锯齿”，故称锯齿波电压。示波器面板上的“扫描选择”“扫描微调”等旋钮，可用来调节锯齿波电压的周期或频率。当仅在水平偏转板上加锯齿波电压，频率足够高，则荧光屏也将显示一段水平亮线，此线即为“扫描线”。

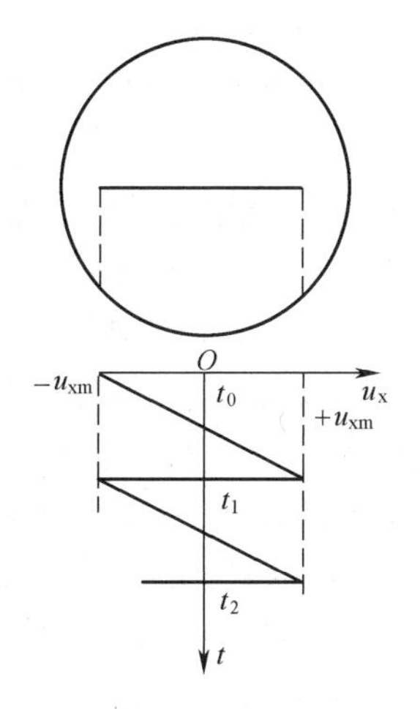

图 3-2-4　水平偏转板上加扫描电压

如果在 Y 偏转板和 X 偏转板上同时分别加载正弦电压和锯齿波电压，电子受水平竖直两个方向的合力作用下，进行正弦振荡和水平扫描的合成运动，在两电压周期相等时，荧光屏上能够显示出完整周期的正弦电压波形，显像原理如图 3-2-5 所示。

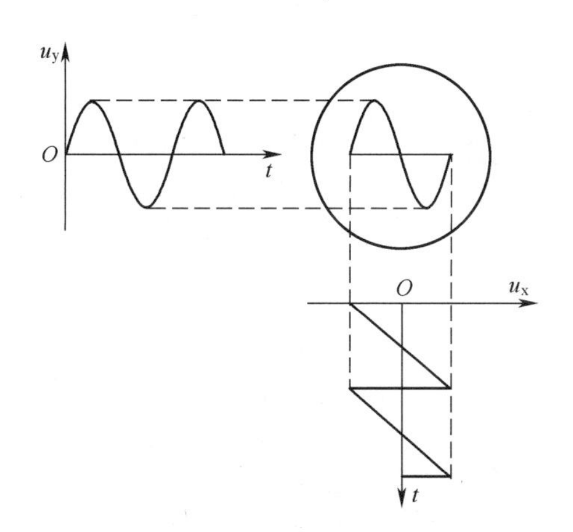

图 3-2-5　相互垂直运动的合成

3. 触发同步

当扫描电压的周期 T_x 为被观测信号周期 T_y 的整数倍时，即

$$T_x = nT_y \qquad (n = 1, 2, 3, \cdots) \tag{3-2-1}$$

锯齿波频率 f_x 为正弦波频率 f_y 的 n^{-1}，即

$$f_x = f_y/n(n = 1, 2, 3, \cdots) \tag{3-2-2}$$

每次锯齿波的扫描起始点会准确地落到被观测信号的同相位点，于是每次扫出完全相同而又重合的波形在屏上稳定地显示，即扫描信号和被观测信号达到同步，称为扫描同步。若 $T_x \neq nT_y$，则每次扫描起始点会在非同相位点，于是每次扫出的波形不重合，屏上将出现移动(向左或向右)的或杂乱的图形。

为在荧光屏上得到所需数目完整的被测电压波形,可调节“扫描选择”和“扫描微调”,来改变锯齿波电压的周期 T_x(或频率 f_x),使之与被测信号的周期 T_y(或频率 f_y)成合适的整数倍关系。

输入Y偏转板的被测信号与示波器内部的锯齿波电压是互相独立的,由于环境或其他因素的影响,它们的周期(或频率)可能发生微小的改变,仅靠调节“扫描微调”旋钮是无法实现扫描同步的。为此示波器内装有扫描整步装置,在适当调节后,可让锯齿波电压的扫描起点自动跟着被测信号改变,这就称为整步(或同步)。而板上的“整步(或同步)调节”旋钮即为此而设。其原理:从Y放大电路中取出部分待测信号作为触发信号,这种同步方式称为内触发。将该信号送至触发电路,当其电平达到某一选择的触发电平时,触发电路便输出触发脉冲,用它去启动扫描电路进行扫描,即光点启动,由 A 点向 A' 点移动。当扫描电压由最大值迅速恢复到启动电压值时,光点从 A' 点迅速返回到 A 点。在锯齿波的扫描周期内,扫描电路不再受期间到来的触发脉冲(图3-2-6中虚线所示脉冲)的任何影响,直至本次扫描结束。之后等到下一个触发脉冲到来时,它又重新启动扫描电路进行下一个扫描。这样每次扫描的起点会准确地落在同相位点,于是每次扫出的波形完全重合而稳定地显示在屏上。操作时调节“电平”旋钮。如果触发同步信号从仪器外部输入,则称为外触发。如果触发同步信号从电源变压器获得,则称为电源同步。面板上设有“触发源”选择键。

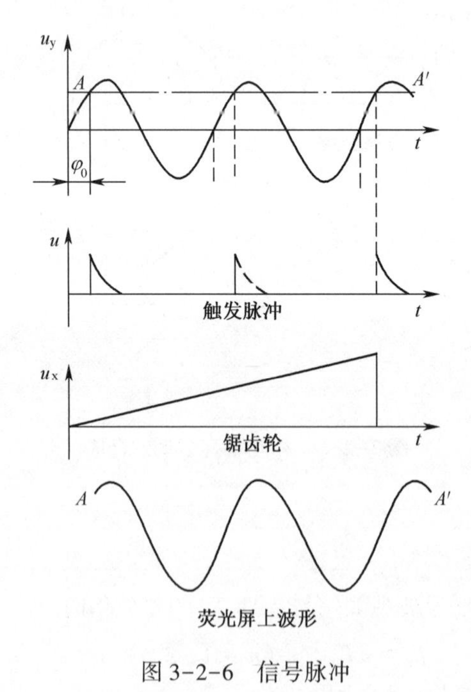

图3-2-6　信号脉冲

4. 李萨如图形的基本原理

如果在示波器的X和Y偏转板上分别输入频率相同或成简单整数比的两个正弦电压,则屏幕上将出现特殊形状图形,这种图形称为李萨如图形。频率比不同时会形成不同的李萨如图形,图3-2-7为频率成简单整数比的几组李萨如图形。

根据李萨如图形可以测定信号的频率，其方法是在图形的水平方向和垂直方向分别作一条切线，水平方向的切点个数为 n_x，垂直方向的切点个数为 n_y，两个方向的频率比等于切点个数比的反比，即

$$f_y : f_x = n_x : n_y$$

若已知其中的一个频率，根据图形可以确定两信号的频率比，则可测定另一个频率。

实际操作时因为不可能调到 $f_y : f_x$ 成准确的倍数，因此两个振动的相位差发生缓慢的改变，图形有可能不稳定，调到变化最缓慢即可。

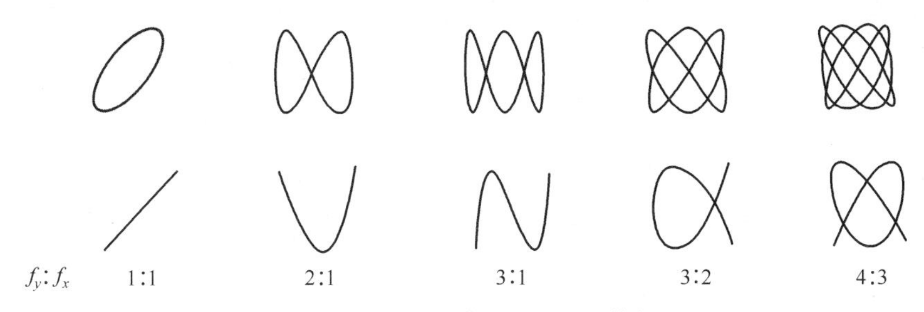

图 3-2-7　概率成简单整数比的李萨如图形

【实验步骤】

1. 示波器测量信号的电压和频率

对于一个稳定显示的正弦电压波形，电压和频率可以由以下方法读出：

$$u_{p-p} = a \times h, f = (b \times l)^{-1}$$

式中：a 为垂直偏转因数（电压偏转因数），从示波器面板的衰减器开关上可以直接读出（V/div 或 mV/div）；h 为输入信号的峰-峰高度（div）；b 为扫描时间系数，从主扫描时间系数选择开关上可以直接读出（s/div、ms/div 或 μs/div）；l 为输入信号的单个周期宽度（div）。利用荧光屏上的刻度可以读取 l、h 值。

假设荧光屏上波形如图 3-2-8 所示，根据荧光屏 CH1 坐标刻度，读得信号波形的峰-峰值为 D_y（div），在图中 D_y = 4div。如果电压偏转因数为 0.2V/div，则 $u_{p-p} = 0.2 \times 4 = 0.8$（V）。

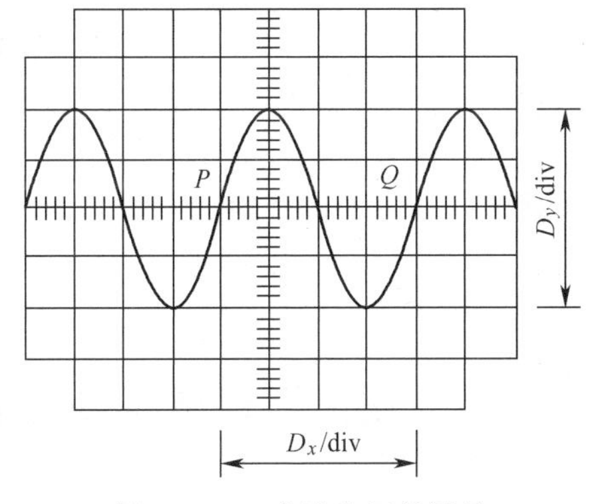

图 3-2-8　交流电压的测量

PQ 两点间的时间间隔 t 就是正弦电压的周期,根据荧光屏 x 轴坐标刻度,读得信号波形 PQ 两点的水平距离 D_x（图中 D_x = 4div),如果扫描时间系数为 0.5ms/div, t = 0.5 × 4 = 2.0ms ,正弦电压的周期 T_y = t = 2.0ms ,正旋电压频率 f_y = 1/T_y = 1/2.0ms = (5×10^2)Hz

2. 李萨如图形测量信号的频率

切换到 X-Y 模式,调整两个通道的偏转因子,使图形正常显示,调节标准信号发生器频率 f_y ,调出 $f_y:f_x=n_x:n_y$ =1∶1、1∶2、3∶2 的李萨如图形,直至图形不动或者调到变化最缓慢为止,记下相应 CH2 通道信号的频率 f_y 。

【数据记录与处理】

1. 正弦信号电压和频率的测量

将正弦信号电压和频率的测量数据记录在表 3-2-1 中。

表 3-2-1　数据记录表

示波器				计算结果		
Y_1 偏转因数 a/(V/div)	h/div	X 偏转因数 b/(ms/div)	l/div	u_{p-p}/V	T/s	f/Hz

2. 李萨如图形测量正弦信号的频率

将李萨如图形测量正弦信号频率的数据记录在表 3-2-2 中。

表 3-2-2　待测信号的测量

$f_y:f_x$	1∶1		1∶2		3∶2	
图形形状						
f_y/Hz						
f_x/Hz						
f_x 平均值/Hz						

【分析与思考】

1. 如果打开示波器的电源开关后,屏幕上既不能看到扫描线也看不到光点,可能存在哪些原因?应该怎样调节?

2. "电平"旋钮的作用是什么?什么时候需要调节它?观察李萨如图形时,能否用它把图形稳定下来?

3.3 用惠斯通电桥测电阻

桥式电路是常用的基本电路之一,在测量技术、自动控制与检测、遥感遥测中具有十分广泛的应用。利用桥式电路制成的电桥很多种形式:根据使用条件分为平衡式电桥和非平衡式电桥;根据所使用的电源分为直流电桥和交流电桥;根据桥臂的结构分为单臂电桥和双臂电桥。

平衡式电桥是基于电位比较法进行测量的仪器,非平衡式电桥是基于流过“桥”上的电流与待测量之间一定的对应关系进行测量的仪器。电桥能够测量的物理量很多,例如,直流电桥主要用来测电阻,交流电桥除了测电阻外,还可以测量电容、电感、频率等。

直流单臂电桥是电桥中最基本的一种,本实验主要介绍用惠斯通电桥来测量电阻,进而掌握调节电桥平衡的方法。

【实验目的】

(1) 掌握惠斯通电桥测电阻的原理和方法;
(2) 了解箱式电桥测电阻的方法;
(3) 了解电桥灵敏度的概念及其对电桥测量准确度的影响。

【实验仪器】

直流稳压电源、旋转式电阻箱、检流计、待测电阻(2 个)、滑线变阻器、比例臂电阻、开关(2 个)、箱式电桥(QJ23 型,0.1 级)、导线若干。

【实验原理】

1. 电桥简介

如图 3-3-1 所示,由标准电阻 R_0、R_1、R_2 和待测电阻 R_x 四个电阻连成一个四边形,组成的电路称为电桥,每一条边称为电桥的一个臂,AB 称为“桥”。

根据使用的电源,电桥可分为直流电桥和交流电桥,而直流电桥又分为单臂电桥和双臂电桥。单臂电桥又称为惠斯通电桥,双臂电桥又称为开尔文电桥。惠斯通电桥可以用于中值电阻($1 \sim 10^6\Omega$)的精确测量,开尔文电桥可以用于低值电阻($10^{-3} \sim 1\Omega$)的精确测量。交流电桥除了测量电阻外,还可测量电容、电感等电学量。通过传感器,利用电桥电路还可以测量一些非电学量。

由于电桥具有灵敏度和准确度高、结构简单、使用方便等特点,因此电桥法是电磁学实验中最重要的测量方法之一,在测量技术中有着广泛的应用。

2. 利用直流单臂电桥测电阻的原理

用三个标准电阻 R_1、R_2、R_0 和待测电阻 R_x 组成电桥,桥间连接一个检流计 G,如图 3-3-1所示。接通电源和检流计开关 K_1、K_2 时,适当调节 R_1、R_2、R_0 的电阻值,使通过检流计的电流 I_g 为零,此时桥两端的 B 点和 A 点电位相等,称电桥达到平衡。

当电桥平衡时,由欧姆定律可得

$$I_1 \cdot R_1 = I_2 \cdot R_x \tag{3-3-1}$$

$$I_1 \cdot R_2 = I_2 \cdot R_0 \tag{3-3-2}$$

由式(3-3-1)与式(3-3-2)可得

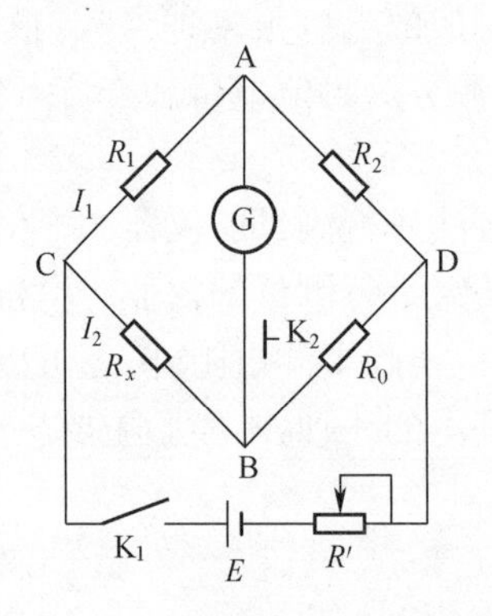

图 3-3-1　惠斯通电桥线路原理图

$$\frac{R_1}{R_x} = \frac{R_2}{R_0} \tag{3-3-3}$$

$$R_x = \frac{R_1}{R_2}R_0 = KR_0 \tag{3-3-4}$$

式中：$K = R_1/R_2$，称为倍率或比例系数。

式(3-3-3)和式(3-3-4)称为电桥的平衡条件。电桥调节平衡后，通过三个标准电阻的阻值可以计算出待测电阻的阻值。

3. 电桥的灵敏度

式 (3-3-4) 是在电桥平衡的条件下推导出来的，而电桥是否达到了真正的平衡状态，是由检流计指针是否有可觉察的偏转来判断的。实验所用检流计的指针偏转 1 格所对应的电流约为 10^{-6} A，当通过它的电流比 10^{-7} A 还要小时，指针的偏转小于 0.1 格，人眼就很难觉察出来，也就是说检流计的灵敏度是有限的。在电桥平衡时，设某一桥臂的电阻为 R，若把 R 改变一个微小量 ΔR，电桥就会失去平衡，从而就会有电流流过检流计，如果此电流很小以至于未能察觉出检流计指针的偏转，就会误认为电桥仍然处于平衡状态。为了定量表示检流计的误差，引入电桥灵敏度的概念：

$$S = \frac{\Delta n}{\Delta R/R}$$

式中：ΔR 为电桥平衡后比较臂电阻 R 的微小改变量；Δn 为相应的检流计偏离平衡位置的格数；S 表示电桥对桥臂电阻相对不平衡值 $\Delta R/R$ 的反应能力，电桥灵敏度 S 的单位是“格”。

从理论可以证明，仅考虑灵敏度的绝对值时，在电阻的相对改变量相等的条件下，任意一个桥臂的电阻的相对改变量引起的检流计指针偏转是相同的，也就是说，改变任一个桥臂的电阻所测得的电桥相对灵敏度都是相等的。又因为 R_x 通常不能改变，所以，实际中常以改变 R_0 的方法来测量电桥相对灵敏度，即

$$S = \frac{\Delta n}{\Delta R_0/R_0}$$

例如，$S = 100$ 格，表示当 R 改变 1%时检流计有 1 格的偏转。

4. 箱式惠斯通电桥

如果将图 3-3-1 中的三只电阻（R_0、R_1、R_2）、检流计、电源开关等全部器件封装在一个箱子里，就组成了使用方便且便于携带的箱式电桥。本实验用 QJ23 型直流电桥，其面板布置如图 3-3-2 所示。

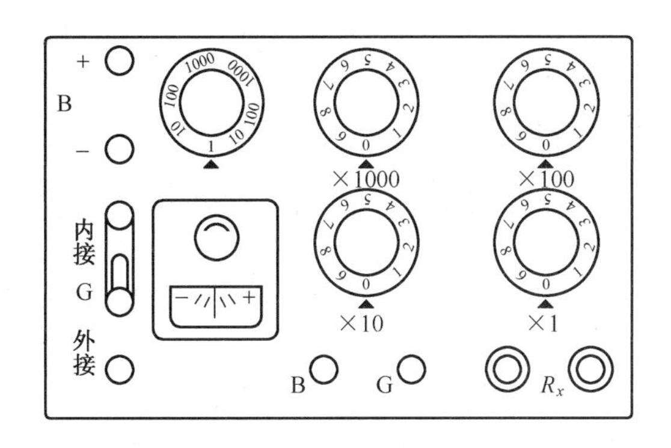

图 3-3-2　QJ23 型电桥面板图

在面板的左上方是比例臂旋钮（量程变换器），比例臂 R_1、R_2 由 8 个定位电阻串联而成，旋转调节旋钮，可以使比例系数 K 从 0.001 改变到 1000，共 7 个挡。面板右边是作为比较臂的标准电阻 R_0，它是由 4 个十进位电阻器转盘组成，最大阻值为 9999Ω 。检流计安装在比例臂下方，其上有调零旋钮；待测电阻接在 R_x 两接线柱之间；"B"是电源的按钮开关，"G"是检流计的按钮开关；使用箱内电源和检流计时应将"外接"短路。

【实验内容与步骤】

1. 用自组电桥测量待测电阻

（1）按图 3-3-3 接线（R_0 为四钮电阻箱，比例臂倍率的选择应使电桥平衡时 R_0 的最高位读数不为零）。

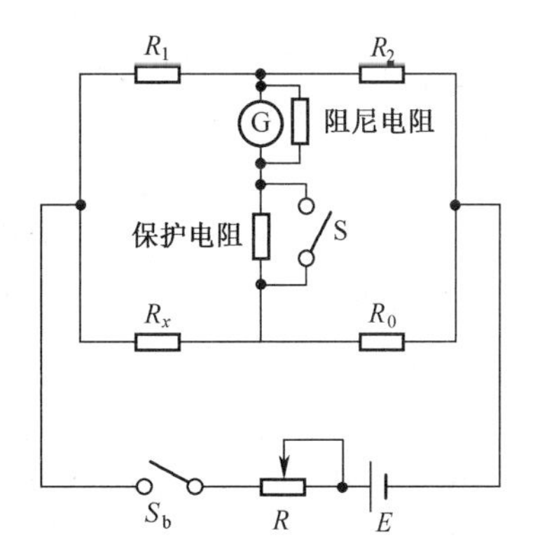

图 3-3-3　实验电路图

(2) 粗调。断开保护电阻开关,调节电阻箱,使检流计指 0。

(3) 细调。闭合保护电阻开关,微调电阻箱,使检流计指 0。

(4) 读出电阻箱的阻值并记录。

(5) 电桥灵敏度的测量。当电桥达到平衡后,调节 R_0,使检流计正好偏转 1 格,记录 R_0 的改变量 $\Delta R_0'$,则电桥灵敏度为

$$S = 1\text{格} / \frac{\Delta R_0'}{R_0} = \frac{R_0}{\Delta R_0'}(\text{格})$$

2. 用箱式电桥测量未知电阻

(1) 将金属片接在“外接”处,然后调节检流计调零旋钮,使检流计指针指零,将待测电阻接到电桥的 R_x 两接线柱上。

(2) 根据待测电阻的估计值,确定倍率,合理选用比例臂,以使测量结果得到较高的测量准确度。

(3) 先按“B”,后按“G”以接通电路(注意,断开电路时,要先放开“G”,再放开“B”,这样操作可防止在测量感性元件的阻值时损坏检流计)观察检流计指针偏转程度,并逐个调节比例臂的千、百、十、个位读数旋钮,直至指针指零。此时通过检流计的电流为零,电桥平衡,计算待测电阻大小。调节电桥平衡时,“G”只是短暂使用,按下“G”,一旦指针偏转很大则立即松开,以免损坏电表。

(4) 电桥使用完毕,检查“B”和“G”是否已经放开,将金属片接至“内接”处。

【数据记录与处理】

1. 计算待测电阻 $R_x = R_0 \times$ 比例臂

计算待测电阻的数据记录在表 3-3-1 中。

表 3-3-1 数据记录表

R_x	R_0	比例臂
R_{x1} =		1 : 10
R_{x2} =		1 : 1

2. 电桥灵敏度

$$S = 1\text{格} / \frac{\Delta R_0'}{R_0} = \frac{R_0}{\Delta R_0'}(\text{格})$$

3. 计算不确定度

$$\left|\frac{\sigma_{R_x}}{R_x}\right| = \sqrt{\left(\frac{1}{10\sqrt{3}S}\right)^2 + (0.1\%)^2 + \left(\frac{\Delta R_{\text{箱}}}{\sqrt{3}R_{\text{箱}}}\right)^2}$$

【分析与思考】

1. 当电桥达到平衡后,若互换电源与检流计的位置,电桥是否仍保持平衡?为什么?

2. 如果取桥臂电阻 $R_1 = R_2$,R_0 从零调节到最大,检流计指针始终偏在零点的一侧,这说明什么问题?应做怎样的调整,才能使电桥达到平衡?

3. 电桥的灵敏度与哪些因素有关?在实验中有哪些事实可以证明?

3.4 霍尔效应及其应用

霍尔于1879年发现了霍尔效应,霍尔效应为精确测量半导体材料的电学特性提供了途径,解决了长期无法有效测量掺杂浓度、载流子迁移率等参数的问题,被广泛地应用于工程技术中。

【实验目的】

(1) 了解霍尔效应实验原理;
(2) 确定样品载流子类型,载流子浓度及迁移率;
(3) 掌握"对称测量法"消除副效应的实验方法。

【实验仪器】

霍尔效应测试仪、霍尔效应实验仪(图3-4-1)。

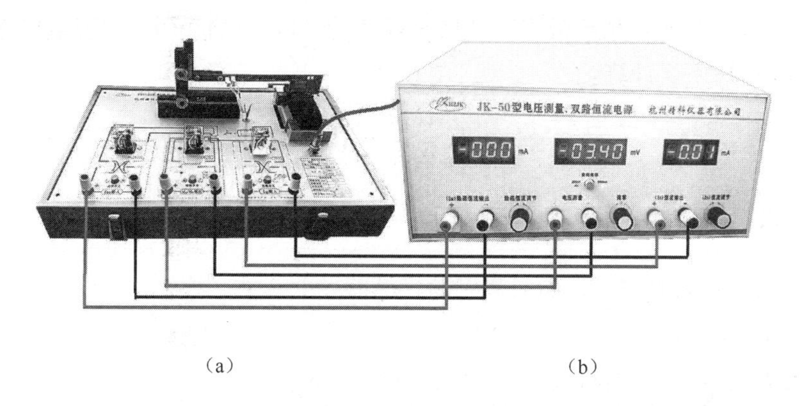

(a) (b)

图3-4-1 霍尔效应实验仪实物

【实验原理】

1. 霍尔效应原理

当载流导体或半导体置于方向垂直于电流的磁场中时,由于运动电荷在磁场中会受到洛伦兹力,因此在垂直于电流和磁场的方向上会有正、负电荷的堆积,从而产生附加电场,并产生电压,这种现象称为霍尔效应,对应的电场称为霍尔电场,电压称为霍尔电压。

如图3-4-2所示,当载流子所受的电场力与洛仑兹力相等时,样品两侧 AA' 电荷的积累就达到平衡,有

$$eE_H = e\bar{v}B \tag{3-4-1}$$

式中:E_H 为霍尔电场强度;$\bar{v}$ 为载流子在电流方向上的平均漂移速度。

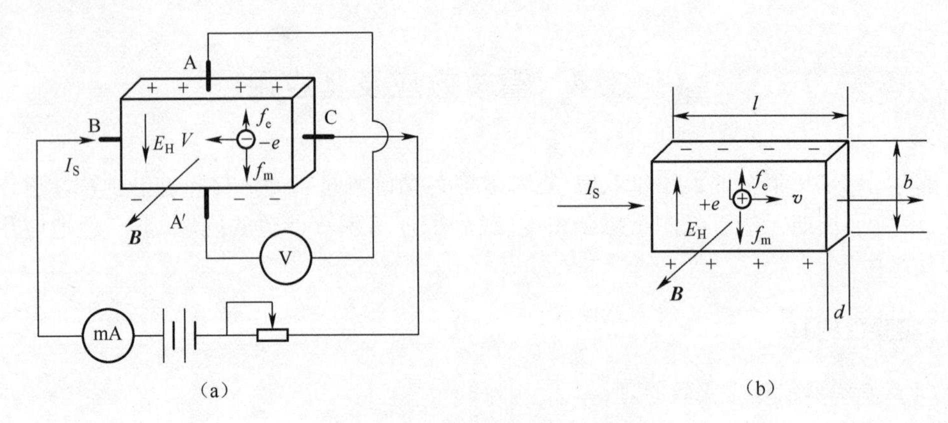

图 3-4-2　霍尔效应原理示意图

设试样的宽度为 d 、厚度为 b ,载流子浓度为 n ,则

$$I_S = nebd\bar{v} \tag{3-4-2}$$

$$U_H = E_H \cdot b = \frac{1}{ne} \cdot \frac{I_S B}{d} = R_H \cdot \frac{I_S B}{d} \tag{3-4-3}$$

式中: $R_H = 1/ne$,称为霍尔系数,其可以反映材料霍尔效应的强弱。只要测出 U_H 以及知道 I_S、B 和 d 可按下式计算:

$$R_H = \frac{U_H d}{I_S B} \times 10^4 \tag{3-4-4}$$

2. 与霍尔系数有关的物理量测量

(1) 由霍尔系数 R_H 的正、负可以判断样品的导电类型。若 R_H 为负,则样品为 N 型;若 R_H 为正,则样品为 P 型

(2) 由 R_H 求载流子浓度 n ,根据 $R_H = 1/ne$, 得

$$n = \frac{1}{|R_H| \cdot e} \tag{3-4-5}$$

(3) 求载流子的迁移率 $\mu = \frac{\bar{v}}{E}$, 单位电场强度作用下所获得的平均漂移速度为

$$\mu = R_H \sigma \tag{3-4-6}$$

式中:σ 为电导率,可以通过在零磁场下测量 B、C 电极间的电位差 U_{BC} ,由下式求得,即

$$\sigma = \frac{I_S}{U_{BC}} \cdot \frac{L_{BC}}{bd} \tag{3-4-7}$$

3. 副效应产生的原因及其消除方法

在产生霍尔效应的同时也会存在多种副效应,以致实验测得的霍尔电极 A、A′之间的电压为霍尔电压的真值加上各副效应的影响。

(1) 不等位电势差影响:如图 3-4-3 所示,由于工艺问题,很难将电极 A、A′对称地焊接在同一等位面上,即使未加磁场,当通有电流时,也会产生电势差,称为不等位电势差

U_0,其方向与工作电流 I_S 方向有关,与磁场 B 方向无关。

(2) 爱廷斯豪森(Ettingshausen)效应:其产生与载流子运行速度有关,载流子的速度满足统计分布,如图3-4-4所示,若载流子速度为 V 时,所受的洛伦兹力恰好等于霍尔电场力,则速度大于 V 的载流子沿洛伦兹力方向偏转,速度小于 V 的载流子将沿霍尔电场力方向偏转。这样导致霍尔片两端聚集不同速度的载流子,速度越大,温度越高,速度越小,温度越低,两端产生温差,导致两端附加温差电动势 U_E,其方向与工作电流 I_S 方向及磁场 B 方向均有关。

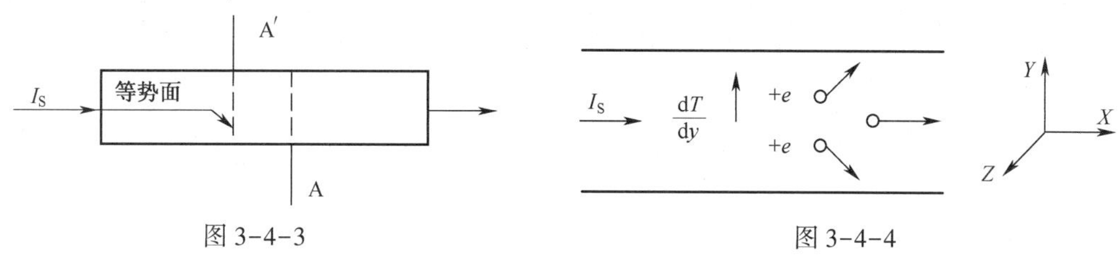

图3-4-3　　　　图3-4-4

(3) 能斯特(Nernst)效应:电流电极与霍尔片之间的接触电阻不可能做到完全相同。当工作电流通过电阻时产生的热量不同,因温差产生一个温差电动势,结果在 Y 方向产生附加电势差 U_N,其方向只与 B 的方向有关,与 I_S 的方向无关。

(4) 里纪-勒杜克(Righi-Leduc)效应:能斯特效应产生的热扩散电流也会产生类似爱廷斯豪森效应的附加温差电动势 U_{RL},其方向只与 B 的方向有关。

(5) 副效应的消除:采用对称测量法来消除副效应。使 I_S 与 B 的大小不变,设定电流和磁场正、负方向后,依次测量四组由不同方向上的电流和磁场产生的电压值。对其求代数平均值即可消除大部分副效应的影响。

取 $+I_S$、$+B$ 时,有

$$U_1 = U_H + U_O + U_N + U_{RL} + U_E$$

取 $+I_S$、$-B$ 时,有

$$U_2 = -U_H + U_O - U_N - U_{RL} - U_E$$

取 $-I_S$、$-B$ 时,有

$$U_3 = U_H - U_O - U_N - U_{RL} + U_E$$

取($-I_S$、$+B$)时,有

$$U_4 = -U_H - U_O + U_N + U_{RL} - U_E$$

求以上四组数据 U_1、U_2、U_3 和 U_4,在电流和磁场不大的情况下,霍尔电压为

$$U_H = \frac{1}{4}(U_1 - U_2 + U_3 - U_4) \tag{3-4-8}$$

【实验内容与步骤】

(1) 将测试仪的"功能转换"置 U_H (V_H), I_S 和 I_M 换向开关掷向上方,表明 I_S 和 I_M 均为正值,反之则为负。使磁场恒定,即保持 I_M 不变(可取 I_M =0.50A),改变 I_S 大小(I_S 取0.50,1.00,1.50,…,4.00mA),测绘 $U_H - I_S$ 曲线。

(2) 工作电流恒定,即保持 I_S 不变(取 I_S =3.00mA),改变 I_M 大小(I_M 取0.100,0.200,…,0.500A),测绘 $U_H - I_M$ 曲线。

(3) 将“V_H,V_σ 输出”拨向 V_σ 侧,“功能转换”置 V_σ,在零磁场下($I_M=0$),测量 U_{BC}。(I_S 取0.10,0.20,0.30,…,1.00mA)

(4) 求霍尔样品的 R_H、n、σ 和 μ 值。

【数据记录与处理】

1. 测绘 U_H-I_S 曲线

U_H-I_S 实验数据记录在表3-4-1中。

表3-4-1　U_H-I_S 实验数据记录表($I_M=0.500A$)

I_S/mA	U_1/mV	U_2/mV	U_3/mV	U_4/mV	U_H/mV
	$+I_S$、$+B$	$+I_S$、$-B$	$-I_S$、$-B$	$-I_S$、$+B$	
0.50					
1.00					
1.50					
2.00					
2.50					
3.00					
3.50					

2. 测绘 U_H-I_M 曲线

U_H-I_M 实验数据记录在表3-4-2中。

表3-4-2　U_H-I_M 实验数据记录表($I_S=3.00mA$)

I_M/A	U_1/mV	U_2/mV	U_3/mV	U_4/mV	U_H/mV
	$+I_S$、$+B$	$+I_S$、$-B$	$-I_S$、$-B$	$-I_S$、$+B$	
0.100					
0.200					
0.300					
0.400					
0.500					

3. 测量 U_{BC}(V_σ 值)(表3-4-3)

U_{BC}实验数据记录在表3-4-3中。

表3-4-3　U_{BC} 实验数据记录表($I_M=0A$)

I_S/mA	0.10	0.20	0.30	0.40	0.50	0.60	0.70	0.80	0.90	1.00
U_{BC}/mV										

【注意事项】

(1) 仪器连线让老师检查无误后再开机;

(2) 在进行实验前,仪器需要预热几分钟;

(3) 霍尔片性脆易碎、电极细易断,严防撞击,或用手去触摸,否则,即遭损坏;

(4) 实验结束后,将仪器摆放整齐后方可离开。

【分析与思考】

如何用霍尔片测交变磁场?

【附录】利用霍尔效应原理测量磁场

根据

$$U_H = R_H \cdot \frac{I_S B}{d}$$

可得

$$B = \frac{d}{R_H} \cdot \frac{U_H}{I_S} \tag{3-4-9}$$

已知材料的霍尔系数 R_H ,测得霍尔电压 U_H ,通过计算即可确定磁感应强度。

3.5　薄透镜焦距的测量

在生产、科研和国防等方面光学仪器的使用十分广泛。例如,它可以将像放大、缩小或记录储存,还可以实现不接触的高精度测量,用它可以研究原子、分子和固体的结构等。总之,在国民经济的各个部门,光学仪器成为不可缺少的工具。

然而,光学仪器的核心部件是光学元件,大量的基本元件是透镜,一个复杂的光学仪器透镜多达几十块甚至上百块。反映透镜的一个重要物理量是它的焦距。不同的使用目的常需要不同焦距的透镜,一般说来,测量透镜焦距的方法很多,应该根据不同的透镜、不同的精度要求和具体的可能条件选择合适的方法,本实验使用三种方法,分别测量凸透镜和凹透镜的焦距。

【实验目的】

(1) 了解测量薄透镜焦距的原理;
(2) 学会测量薄透镜焦距的方法;
(3) 掌握简单光路的分析和调整方法。

【实验仪器】

光具座、滑块、凹透镜、凸透镜、平面反射镜、光源、物、屏,如图 3-5-1 所示。

图 3-5-1　薄透镜聚焦实验装置图

【实验原理】

1. 薄透镜的成像公式

透镜分为两大类：一类是凸透镜，对光线起会聚作用，即一束平行于透镜主光轴的光线通过透镜后，将会聚于主光轴上，会聚点称为该透镜的焦点。焦点到透镜光心点的距离称为该透镜焦距 f，焦距越短，会聚本领越大。另一类是凹透镜，对光线起发散作用，即一束平行于透镜主光轴的光线通过透镜后将散开，该发散光束的延长线与主光轴的交点称为该透镜的焦点，焦点到透镜光心点的距离称为该透镜的焦距 f。焦距越短，则发散本领越大。

当透镜的中心厚度比透镜焦距小得多时，这种透镜称为薄透镜。在近轴光线条件下，透镜的成像规律可用下式表示：

$$\frac{1}{u}+\frac{1}{v}=\frac{1}{f} \tag{3-5-1}$$

式中：u 为物距，恒取正值；v 为像距，实像取正，虚像取负；f 为焦距，凸透镜为正，凹透镜为负。u、v 和 f 均从透镜光心点算起。

由式(3-5-1)可知，只要测得物距 u 和像距 v，便可计算出透镜的焦距 f。

2. 用共轭法测量凸透镜的焦距

如图 3-5-2 所示，设物和像屏的距离为 L（要求 $L>4f$），在保持 L 不变的情况下，移动透镜，当透镜处于 O_1 时，像屏上出现一个放大的实像，再移动透镜，当它处于 O_2 时，像屏上又得到一个缩小的实像，设 A、O_1 的距离为 u，O_1、O_2 的距离为 e，依透镜成像公式，透镜位于 O_1 时，有

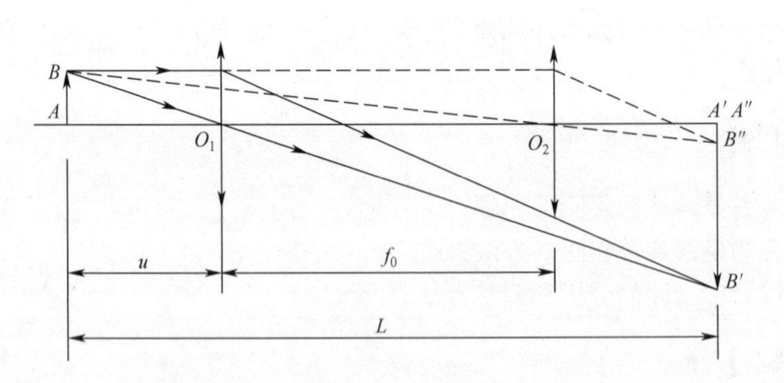

图 3-5-2　共轭法测量凸透镜的焦距示意图

$$\frac{1}{u}+\frac{1}{L-u}=\frac{1}{f} \tag{3-5-2}$$

式中：f 为待测透镜焦距。

透镜位于 O_2 时，有

$$\frac{1}{u+e}+\frac{1}{L-u-e}=\frac{1}{f} \tag{3-5-3}$$

由式(3-5-2)和式(3-5-3)可得

$$u = \frac{L - e}{2} \tag{3-5-4}$$

将式(3-5-4)代入式(3-5-2)可得

$$f = \frac{L^2 - e^2}{4L} \tag{3-5-5}$$

只要测出 L 和 e，应用式(3-5-5)就可求得透镜焦距 f。

用上述方法测透镜焦距即为共轭法。这种方法的优点是把焦距的测量归结于可以精确测定的量 L 和 e 的测量，避免了由于估计透镜光心位置不准确带来的误差。

3. 用自准直法测凸透镜焦距

如图 3-5-3 所示，在待测透镜 L 的一侧放置被光源照明的物体 AB，在另一侧放平面反射镜 M。移动透镜位置可以改变物距的大小，当物距正好是透镜的焦距时，物体 AB 上各点发出的光束经过透镜折射后，变为不同方向的平行光，然后被平面镜反射回去，再经透镜折射后，成一倒立且与原物大小相同的实像 $A'B'$，像 $A'B'$ 位于原物平面处，即成像于该透镜的前焦面上。此时物与透镜之间的距离就是透镜的焦距，它的大小可从光具座导轨上直接测得。

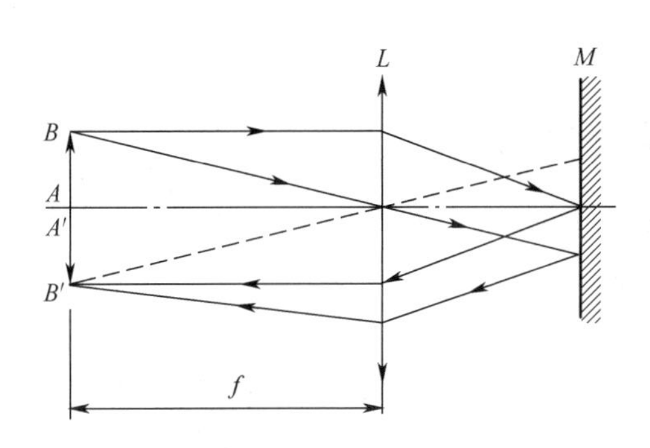

图 3-5-3　自准直法测凸透镜的焦距示意图

自准直法是光学仪器调节中的一个重要方法，也是一些光学仪器进行测量的依据。分光仪中的望远镜就是根据“自准直”的原理进行调节的。

4. 用物距像距法测凹透镜的焦距

如图 3-5-4 所示，当凸透镜 L_1 放在 O_1 处时，从物点 A 发出的光会聚于 B，然后在 O_1 和 B 之间，放入待测的凹透镜 L_2，并调整其位置，这时的像点移远于 B'。

根据光线传播的可逆性，如果将物点置于 B'，则 B' 发出的光经过凹透镜 L_2 后，将被发散，其虚像点将落在 B 点。于是，根据物像关系，就可求得凹透镜的焦距。

令

$$\overline{O_2B'} = u, \quad \overline{O_2B} = v \tag{3-5-6}$$

由负透镜成像公式

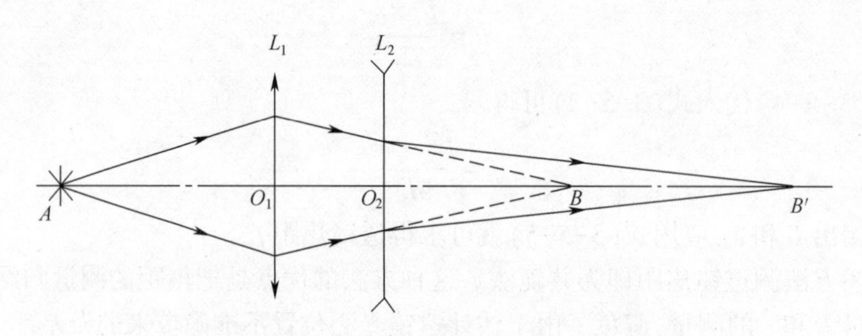

图 3-5-4　物距像距法测凹透镜的焦距示意图

$$\frac{1}{u}-\frac{1}{v}=-\frac{1}{f} \tag{3-5-7}$$

可得

$$f=\frac{uv}{u-v} \tag{3-5-8}$$

只要测得 u、v 的值,就得到 f 的值。

这种测薄透镜焦距的方法称为物距像距法。

【实验内容与步骤】

1. 用共轭法测凸透镜的焦距

1）光学元件同轴等高的调整

薄透镜成像公式 $\frac{1}{u}+\frac{1}{v}=\frac{1}{f}$,仅在近轴光线的条件下才能成立。为此,物点应处在透镜的光轴上,并在透镜前适当位置加一个光阑,以便挡住边缘光线,使入射光线与光轴的夹角很小。对于由几个透镜组成的光学系统来说,应使各光学元件的中心轴调到大致重合,才能满足近轴光线的要求。"同轴等高"是指各光学元件的中心轴调到大致重合,且公共光轴与光具座的导轨严格平行。

调节同轴等高前,先将所用的物、屏、透镜等架在光具座的滑块上,再将滑块靠拢,用眼睛判断,调节各元件的高矮和左右,将物点及光学元件的中心轴调到大致重合,并使物体平面、白屏平面和透镜面相互平行且垂直于光具座导轨,然后用透镜成像的共轭原理进行调整。其步骤如下:

（1）在光具座上固定物和像屏的距离为 L,使 $L>4f$,f 为透镜的焦距(图 3-5-2)。

（2）移动透镜,当它移到 O_1 时,在像屏上得到一个清晰放大的实像。当它移到 O_2 时,在像屏上又得到一个清晰的缩小的实像。因为物点 A 位于光轴上,所以两次成像的位置应重合于 A'。如果物点 A 两次成像的位置不重合,说明物点 A 和光轴不重合。这时应调节物点的高低,使得两次所成的像点重合,即系统处于同轴等高。

2）左右逼近法

在实际测量时,由于对成像清晰程度的判断因人而异,即使是同一个观测者也不免有一定的差错。为了尽量消除这种误差,在测量时常采用左右逼近法,即先使物镜由左向右

移动，当像刚好清晰时，记下透镜的读数，然后使透镜自右向左移动，当像刚好清晰时，又可得到另一个透镜位置的读数，重复多次，求其平均值，这就是成像清晰时透镜的位置。

3）凸透镜焦距 f 的测量

（1）按照图 3-5-2，调节刻有"1"字的板与像屏的距离，使 $L>4f$（f 为待测透镜焦距），对于 f 的粗略估计，可让窗外物（认为是无限远）通过透镜折射后成像在屏上，则粗略地认为像距是该透镜的焦距。

（2）在物和像屏之间放入被测透镜，调节透镜与物同轴等高。

（3）用左右逼近法读出 O_1 和 O_2 的位置读数，把数据填入实验数据记录表 3-5-1 内。

（4）L 再取四个不同值，重复（3），把测得数据填入实验数据记录表（表 3-5-1），应用式（3-5-5）计算出 f，最后求出 f 值及其误差。

注：取 $L>4f$，但不要使 L 太大，L 太大时，被缩小的像太小，以致难以确定透镜的位置。

2. 用自准直法测凸透镜的焦距

（1）按照图 3-5-3，将用光源照明的刻有"1"字的板、凸透镜和平面反射镜放在光具座上，调整透镜的位置，使它的主光轴平行于光具座的刻度尺，并使各元件的中心位于透镜的主光轴上，平面镜的反射面应对着透镜并与主光轴垂直。

（2）改变凸透镜到"1"字板（物）的距离，直至板上"1"字旁边出现清晰的"1"字像为止（注意区分物光经凸透镜表面反射的像和平面镜反射所成的像），此时物与透镜之间的距离即为透镜的焦距。

（3）用左右逼近法测出物和透镜的位置，重复测量 5 次，求出 f 值及其误差。

3. 用物距像距法测凹透镜的焦距

1）同轴等高的调整

（1）如图 3-5-4 所示，物点 A 与透镜 L_1 的同轴等高调整，可用前面所述的共轭法。

（2）负透镜 L_2 和 L_1 的同轴等高调整，先固定 L_1，调节 L_2 的左右位置，在像屏上可得到物点 A 的像点 B，然后改变 L_1 的位置，调节 L_2，使在像屏上（像屏位置可左右移动）又得到像点 B'；若 B 和 B' 在像屏上是同一位置，说明 L_1 和 L_2 是同轴等高，否则，就调节 L_2 的上下位置，使两次像点位于像屏上同一点，即达到同轴等高要求。

2）焦距 f 的测量

（1）如图 3-5-4 所示，在光具座上适当调整物和透镜 L_1 的位置，使物成实像于像屏上。

（2）用左右逼近法读出像点 B 的位置。

（3）在像屏和透镜 L_1 之间放入待测凹透镜 L_2，记下 L_2 的位置 O_2 的读数。

（4）移动光屏，用左右逼近法读出这时像点 B 的位置。

（5）L_1 再取四个不同位置，重复（2）、（3）、（4）把数据填入实验数据记录表 3-5-2 内，依式（3-5-8）计算焦距 f，最后算出透镜焦距 f 值及其误差。

【数据记录与处理】

将薄透镜焦距测量的实验数据记录在表 3-5-1、表 3-5-2 中。

表 3-5-1 实验数据记录表

测量序号	1			2			3			4			5		
			平均			平均			平均			平均			平均
透镜位置 O_1															
透镜位置 O_2															
$e = \|O_2 - O_1\|$															
物像距离 L															
透镜距离 f															
注：$f = \frac{1}{5}(f_1 + f_2 + f_3 + f_4 + f_5)$															

表 3-5-2 实验数据记录

测量序号	1			2			3			4			5		
			平均			平均			平均			平均			平均
凸透镜位置 O_1															
虚像点位置 B															
实像点位置 B'															
凹透镜位置 O_2															
$u = \|B' - O_2\|$															
$v = \|B - O_2\|$															
凹透镜焦距 f															
注：$\bar{f} = \frac{1}{5}(f_1 + f_2 + f_3 + f_4 + f_5)$															

【分析与思考】

1. 在什么条件下，物点发出的光线通过会聚透镜成像？

2. 做光学实验为何要调节光学系统的同轴等高？调节同轴等高有哪些要求？应怎样调节？

3. 在实际测量时为何采用左右逼近法？此法在测量中有何优点？

4. 设想一个最简单的方法来区分凸透镜和凹透镜（不允许用手摸）。

3.6 测量三棱镜材料的折射率

三棱镜是横截面为三角形的光学元件，一般由玻璃材质制作而成，属于色散棱镜的一种，遇到复色光可以发生色散，而折射率就是它的一个重要参数。本实验主要利用分光仪来观察三棱镜的折射角，并且用最小偏向角法来测量该三棱镜的折射率。

【实验目的】

(1) 学会使用分光仪测量三棱镜的顶角；

（2）用最小偏向角法测定三棱镜材料的折射率。

【实验仪器】

JJY 型分光仪、双面平面反射镜、钠光灯及其电源、等边三棱镜。

【实验原理】

三棱镜是横截面为三角形的光学元件，一般由玻璃制成，本实验主要目的是测量三棱镜的折射率，而测量三棱镜的折射率有多种方法，本实验中用的是最小偏向角法。如图 3-6-1 所示，一束平行光 L 从左侧照到三棱镜 AB 面上经过折射进入三棱镜，入射角为 i，折射角为 γ，然后经过三棱镜从三棱镜的 AC 玻璃面再次进行折射并穿出三棱镜，入射角为 i'，折射角为 γ'，有折射定律可知，三棱镜的

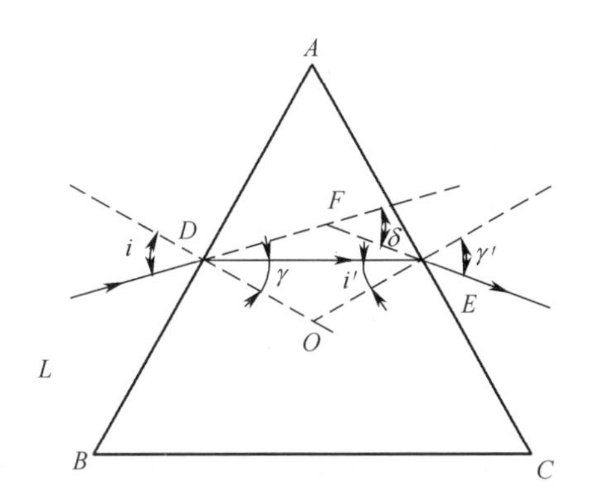

图 3-6-1　三棱镜的折射光路原理图

折射率为

$$n = \frac{\sin i}{\sin\gamma} \text{ 或 } n = \frac{\sin\gamma'}{\sin i'}$$

式中：n 为三棱镜的折射率。$\angle A$ 为三棱镜的顶角，$\angle B$ 和 $\angle C$ 为三棱镜的两个底角，入射光线和出射光线的夹角为偏向角 δ，由图 3-6-1 中的几何关系推导可知

$$\delta = \angle FDE + \angle FED = (i - \gamma) + (\gamma' - i') = i + \gamma' - (\gamma + i') \tag{3-6-1}$$

又因为 $A = \gamma + i'$，所以可知

$$\delta = i + \gamma' - A \tag{3-6-2}$$

因为本实验中用的是统一规格的三棱镜，顶角不变，所以由式（3-6-2）可知偏向角 δ 随 i 和 γ' 变化。而 γ' 与 i 有函数关系，所以 δ 仅随 i 而变化。

根据光的折射定律可得

$$\sin i = n\sin\gamma \tag{3-6-3}$$

$$\sin\gamma' = n\sin i' = n\sin(A - \gamma) \tag{3-6-4}$$

由式（3-6-3）和式（3-6-4）可得

$$\sin\gamma' = \sin A\sqrt{n^2 - \sin^2 i} - \cos A\sin i \tag{3-6-5}$$

$$\delta = i + \arcsin(\sin A\sqrt{n^2 + \sin^2 i} - \cos A\sin i) - A \tag{3-6-6}$$

因为对于本实验中的单色光钠灯来说,三棱镜的折射率是固定值,所以由式(3-6-6)可得,偏向角 δ 是一个以入射角 i 为自变量的连续函数,即

$$\delta = f(i) \tag{3-6-7}$$

根据光路可逆原理可知,对于同一函数值 δ 有两个自变量 i 和 γ' 与之对应,即

$$f(i) = f(\gamma') \tag{3-6-8}$$

设 $i < \gamma'$,由拉格朗日中值定理可知,在 $[i,\gamma']$ 内必然有一点 φ,使得满足

$$f(\varphi) = \frac{f(\gamma') - f(i)}{\gamma' - i} = 0 \tag{3-6-9}$$

所以入射角为 φ 时,偏向角 δ 取得极值,由式(3-6-3)和式(3-6-4)可得:当入射角 i 增大时,折射角 γ' 一定减小,区间 $[i,\gamma']$ 也随之缩小,但式(3-6-6)总成立。当 $i = \gamma' = \varphi$ 时,入射角最大,偏向角最小,即 $\delta_{\min} = 2\varphi - A$,此时的入射角 $i = \frac{(A + \delta_{\min})}{2}$,折射角 $\gamma' = \frac{A}{2}$,所以折射率为

$$n = \frac{\sin\frac{A + \delta_{\min}}{2}}{\sin\frac{A}{2}} \tag{3-6-10}$$

因此,由式(3-6-10)可知,求三棱镜的折射率,就先要测出三棱镜的顶角和最小偏向角。

【实验内容与步骤】

1. 测量三棱镜的顶角

如图 3-6-2 所示,一束平行光由顶角位置照到三棱镜上,分别在三棱镜的 AB 和 AC 面发生反射,现在可由两束反射光形成的夹角进行计算三棱镜的顶角。

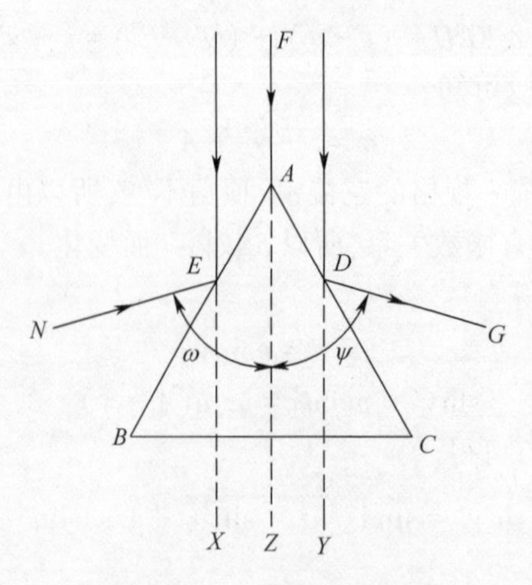

图 3-6-2　反射法测顶角

由图 3-6-2 可知：

$$\angle FEA = \angle BEN, \angle FEA = \angle BEX, \angle BEX = \angle BAZ$$

又因为 $\angle BEN + \angle BEZ = \varphi$，所以

$$\angle BAZ = \frac{1}{2}\varphi$$

同理，$\angle CAZ = \frac{1}{2}\psi$，$\angle BAZ + \angle CAZ = \angle A$。于是，三棱镜顶角为

$$\angle A = \frac{1}{2}(\varphi + \psi) \tag{3-6-11}$$

所以只要测出 φ 和 ψ 就可以测出三棱镜的顶角。

（1）根据分光仪的调节和使用步骤，将分光仪的望远镜轴与载物台面完全平行，然后平行光管与望远镜共轴并产生一束竖直的平行光。

（2）将三棱镜放到载物台上，顶角要靠近载物台的中心，并对准平行光管，使入射光可照到 *AB* 和 *AC* 面上，并形成反射光线。

（3）将望远镜转到 *AB* 面一侧，观察反射光线，使其与分划板的竖直刻度线重合，记录此刻分光仪读数盘的左右游标的读数，然后转动望远镜到 *AC* 面一侧，观察反射光线并记录分光仪读数盘此刻的读数。

（4）重复上述的步骤，将 *AB* 面和 *AC* 面的反射光线位置测量 3~5 次。实验数据记录如表 3-6-1 所列。

表 3-6-1　测量三棱镜顶角 *A* 实验数据记录表

测量次数	望远镜位置读数				$\beta = \lvert\theta_2 - \theta_1\rvert$ $\beta' = \lvert\theta'_2 - \theta'_1\rvert$		$\alpha = \varphi + \psi = \frac{\beta + \beta'}{2}$	$A = \frac{\varphi + \psi}{2} = \frac{\alpha}{2}$
	AB 面		*AC* 面					
	左游标 θ_1	右游标 θ'_1	左游标 θ_2	右游标 θ'_2	β	β'		
1								
2								
3								
平均值	—	—	—	—				

2. 寻找最小偏向角及其测量方法

（1）将三棱镜放置于分光仪载物台上，使平行光管产生的平行光照到三棱镜的 *AC* 面上，用望远镜在平行光管对面观察直射过来的光线所在位置，松开载物台的固定螺丝，缓慢地转动游标盘（连同载物平台），使折射后的狭缝像朝偏向角减小的方向移动，直到按狭缝像转动的方向转动游标盘到某位置时，看到狭缝的像停止移动并开始向反向移动（偏向角反面变大）为止。这种现象称为回像（不论游标盘朝哪个方向转动，狭缝像均只向一个方向移动)。这个回像位置(反向转折位置)就是棱镜对钠光谱线的最小偏向角位置,如图 3-6-3 所示。

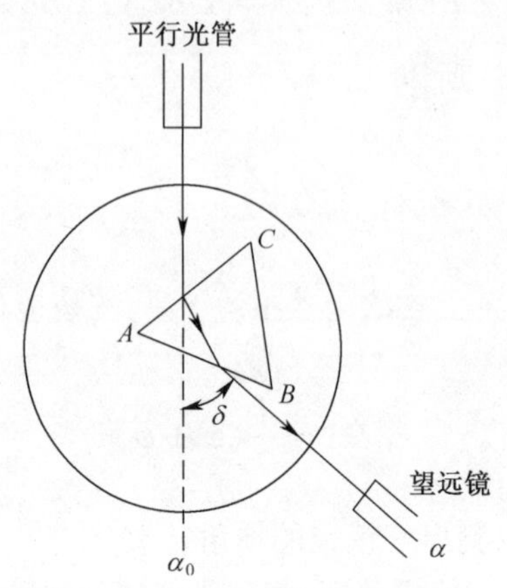

图 3-6-3　最小偏向角的测定

(2) 固定载物台的螺丝,将望远镜的分划板对准最小偏向角的位置,并记录分光仪读数盘此刻的角位置。

(3) 将望远镜转到入射光线的位置,测量其角位置并记录数据。

(4) 按 $\delta_{\min} = |\alpha - \alpha_0|$ 计算最小偏向角,重复测量 5 次,求出 $\delta_{\min}$ 的平均值。将测出顶角 $\angle A$ 和最小偏向角 $\delta_{\min}$ 代入式(3-6-10),求出折射率 n,并计算误差,实验数据记录如表 3-6-2 所列。

表 3-6-2　测量最小偏向角 δ 实验数据表

测量次数	望远镜位置读数				$\delta'_{\min} = \|\alpha' - \alpha'_0\|$ $\delta''_{\min} = \|\alpha'' - \alpha''_0\|$		$\delta_{\min} = \dfrac{\delta'_{\min} + \delta''_{\min}}{2}$
	α		α_0				
	左游标 α'	右游标 α''	左游标 α'_0	右游标 α''_0	$\delta'_{\min}$	$\delta''_{\min}$	
1							
2							
3							
4							
5							
$\delta_{\min}$ 平均值	—	—	—	—			
注: α 为折射光最小偏向时的角位置; α_0 为入射光的角位置; δ 为最小偏向角							

【注意事项】

(1) 三棱镜属于易碎物品,操作中应小心保管,轻拿轻放,不可操作粗鲁;

(2) 观察狭缝、偏向角时,要耐心调节,仔细观察;
(3) 再转动载物台时,应注意先松开固定螺丝,不可使用蛮力。

【分析与思考】

1. 本实验中为何要测量最小偏向角?
2. 在测量三棱镜顶角 A 和最小偏向角时,若分光仪没有调好,对测量结果有什么影响?
3. 除了用平行法测定三棱镜顶角外,还有什么方法能测量三棱镜顶角?简要说明这种方法的基本原理和测量步骤。

3.7　光栅衍射实验

光栅是在玻璃片上根据多缝衍射原理刻画出许多等间距、等宽度的平行直线制成的一种分光用的光学元件,刻痕相当于毛玻璃不透光,两刻痕之间相当于一个通光的狭缝。这样由大量的等间距平行狭缝构成的光栅称为平面衍射光栅。因为光栅具有较大的色散率和较高的分辨本领,所以它不仅用于光谱学,还广泛用于计量、农业、化学、光通信、生物检测、信息处理等方面。光栅在结构上分为凹面光栅、平面光栅、透射光栅、反射光栅、阶梯光栅、黑白光栅、正弦光栅、一维光栅、二维光栅和三维光栅等。本实验选用平面透射光栅,利用分光仪测定光栅常数和水银谱线的各个波长。

【实验目的】

(1) 进一步掌握分光仪的调节和使用,并学会分光仪的读数方法;
(2) 观察光栅衍射现象,理解光栅衍射及其分光原理;
(3) 测定光栅常数及各谱线的波长。

【实验仪器】

JJY 型分光仪(1 台)、双面平面反射镜、透射光栅、低压汞灯及其电源。

【实验原理】

光栅由大量的等间距平行狭缝构成。这些平行的狭缝是在玻璃片上根据多缝衍射原理刻画而得到的,刻痕相当于毛玻璃不透光,两刻痕之间相当于一个通光的狭缝。当光照到这些狭缝时会发生衍射现象。假设不透光的刻痕宽度为 b ,透光的狭缝宽度为 b' ,则 $b+b'$ 为相邻两狭缝之间的距离,称为光栅常数。通常实际的光栅常数一般为10^{-5} ~ 10^{-6}m的数量级。

当一束平行光照射到光栅上时,每一条狭缝都要产生衍射,而狭缝与狭缝之间透过的光要发生干涉,因此,在光栅衍射实验中观察到的光栅衍射条纹是衍射和干涉的总效果。

将光栅竖直放置于分光仪的载物台上,使光栅的狭缝与平行光管产生的平行光平行,使平行光垂直照射到光栅面,根据光栅衍射的原理可得任意两相邻狭缝通过光束的光程

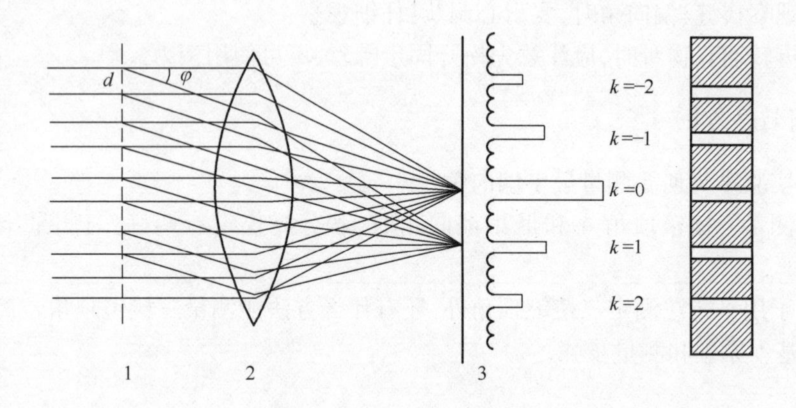

图 3-7-1　光栅衍射光谱示意图

差 δ 与衍射角 φ 和光栅常数 $b + b'$ 之间存在以下关系：

$$\delta = (b + b')\sin\varphi = \pm k\lambda \tag{3-7-1}$$

式中：$k = 0, \pm 1, \pm 2, \cdots$，“+”代表在零级条纹的右侧，“-”代表在零级条纹的左侧。式(3-7-1)通常称为光栅方程。光栅衍射光谱如图 3-7-1 所示。

在本实验中，入射光为低压汞灯发出的复色光，由于不同光的波长不同，虽然入射角相等，但是它们的衍射级除零级以外，同一级中的光谱线位置是不同的，因此，本实验中观察到的光栅衍射现象为按波长大小顺序分开排列成一组彩色光谱线。在本实验中可以清晰地观察到每级条纹由四条不同颜色的光谱线组成，依次为紫光、绿光、黄光 1、黄光 2。

根据式(3-7-1)可知，如果知道了某单色光的波长 λ 或衍射角 φ，即可计算得到光栅常数 $b + b'$。在本实验中已经给出绿光的波长为 546.07nm，代入式(3-7-1)可得光栅常数 $b + b'$。然后根据紫光、黄光 1、黄光 2 的衍射角分别求出它们对应的波长。

【实验内容与步骤】

(1) 按“分光仪调节和使用”中的要求调节好分光仪，使载物台的面和望远镜的轴完全平行，平行光管产生竖直清晰的平行光，并且和自准直望远镜共轴。

(2) 将分光仪游标盘的两个游标置于载物台的左、右两侧，并将分光仪主尺盘与望远镜固定到一起，使其可以随望远镜一起转动。

(3) 将衍射光栅竖直放置于载物台上，调节光栅平面与望远镜光轴垂直。

(4) 调节光栅的刻痕线平行于分光仪中心轴。转动望远镜，观察衍射条纹。

(5) 向左(或向右)转动望远镜，用叉丝的竖直丝对准各谱线零级和一级明纹，测量光谱线中零级和一级明纹的角位置 α_0、α，并从刻度盘上读出相应的角位置的左、右游标处的读数，记录到表格 3-7-1。

(6) 根据表格 3-7-1，计算出一级条纹四条谱线的衍射角，并利用绿谱线波长 546.07nm 和绿光的衍射角代入光栅方程计算出光栅常数。

(7) 用所得光栅常数及其他谱线所对应的衍射角，计算各谱线波长。

【数据记录与处理】

表 3-7-1　光栅衍射实验数据记录表

谱线游标	零级(α_0)		紫		绿		黄 1		黄 2	
	左	右	左	右	左	右	左	右	左	右
位置角 α										
$\varphi = \lvert \alpha - \alpha_0 \rvert$										
φ										
λ/nm										
$(b+b')$/cm										

【注意事项】

(1) 调节和使用分光仪时要细心、谨慎,不可用蛮力操作仪器,防止损坏仪器;
(2) 光栅是精密光学器件,严禁触摸表面,谨防摔碎;
(3) 水银灯的紫外光很强,不可直视,以免灼伤眼睛。

3.8　迈克尔逊干涉仪实验

1883 年,美国物理学家迈克尔逊和莫雷精心设计了一种干涉仪,由于此仪器在历史上的研究中起到了非常重要的作用,后人把它称作迈克尔逊干涉仪,它是一种典型的分振幅法产生双光束来实现光的干涉的仪器,该仪器既可测得等厚干涉,也可测等倾干涉,主要用于长度和折射率的测定,在近代物理和近代计量技术中,如在光谱线精细结构的研究和用光波标定标准米尺等实验中都有着重要的应用。利用该仪器的原理,研制出多种专用干涉仪。迈克尔逊干涉仪还被应用于寻找太阳系外行星的探测、光学差分相移键控解调器的制造。

【实验目的】

(1) 了解迈克尔逊干涉仪的特点,学会调整和使用迈克尔逊干涉仪;
(2) 学会利用迈克尔逊干涉仪测定单色激光的波长。

【实验仪器】

KF-WSM100 型迈克尔逊干涉仪、单色激光器、激光器专用电源、扩束镜等。

【实验原理】

1. 迈克尔逊干涉仪的工作原理

迈克尔逊干涉仪的基本光路如图 3-8-1 所示。S 为单色光源, G_1 和 G_2 为平行的平面玻璃，G_1 为分光板，在它的后表面镀有铝的半反射膜，G_2 为补偿板，是为了补偿光路，材料、厚度、放置角度都与 G_1 一样，使得两路光在玻璃中没有光程差。M_1 和 M_2 为两块平面反射镜。S 与 M_2 处于水平方向对应，接收屏与 M_1 处于竖直方向对应，并且水平和竖直方向的仪器组成的两条线垂直，G_1 和 G_2 平行，且与 M_1、M_2 均成 45°角。反射镜 M_2 位置固定，反射镜 M_1 可通过调节粗调旋钮或微调旋钮，使其在精密导轨上前后移动。

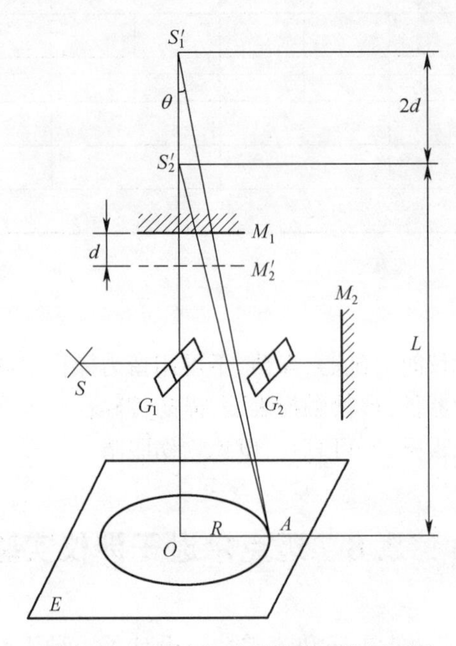

图 3-8-1　迈克尔逊干涉仪光路原理图

图 3-8-2 为迈克尔逊干涉仪的干涉原理图，从光源 S 发出的一束光射在分光板 G_1 上，根据分振幅原理产生两束反射光束，即反射光线 1 和反射光线 2，两束光的光强近似相等。光束 1 投入 M_1，反射回来穿过 G_1，光束 2 经过 G_2 投入 M_2，反射回来再通过 G_2，在 G_1 的镜面上反射。因为分光板和补偿板与平面反射镜 M_1 和 M_2 均成 45°，所以两束光均分别垂直射到 M_1、M_2 上经反射后再回到分光板，又会聚成一束光。于是，这两束相干光在空间相遇并产生干涉，在接收屏可观察到干涉条纹。

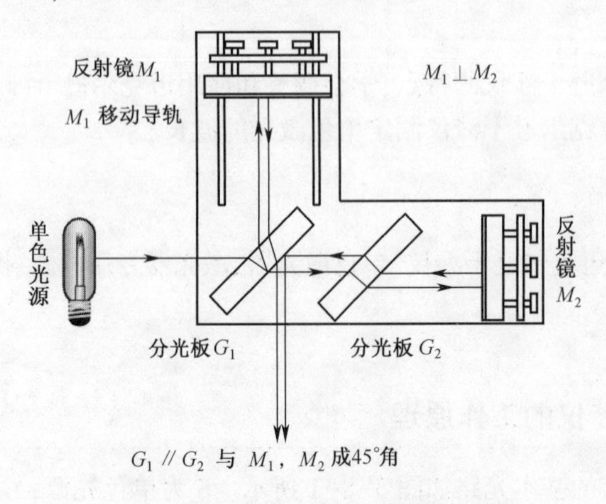

图 3-8-2　迈克尔逊干涉仪的原理图

如果入射单色激光的波长为 λ，则每当平面反射镜 M_1 向前或向后移动半个波长 $\left(\dfrac{\lambda}{2}\right)$ 的距离时，即可以看到平移了一个干涉条纹，也就是在干涉条纹的圆心处“冒出”或“缩进”一个条纹。所以测量出视野中移动的条纹数 ΔN 和平面反射镜 M_1 的位置变化 l，即可计算得到波长 λ 的大小。具体计算公式推导过程如下：

$$l = \Delta N \cdot \frac{\lambda}{2} \tag{3-8-1}$$

即

$$\lambda = \frac{2l}{\Delta N} \tag{3-8-2}$$

2. 迈克尔逊干涉仪的构造及读数方法

图3-8-3和图3-8-4为迈克尔逊干涉仪的实物构造，图3-8-5为迈克尔逊干涉条纹。迈克尔逊干涉仪底座上有三个用来调节台面水平的螺钉。通过调节平面反射镜 M_1

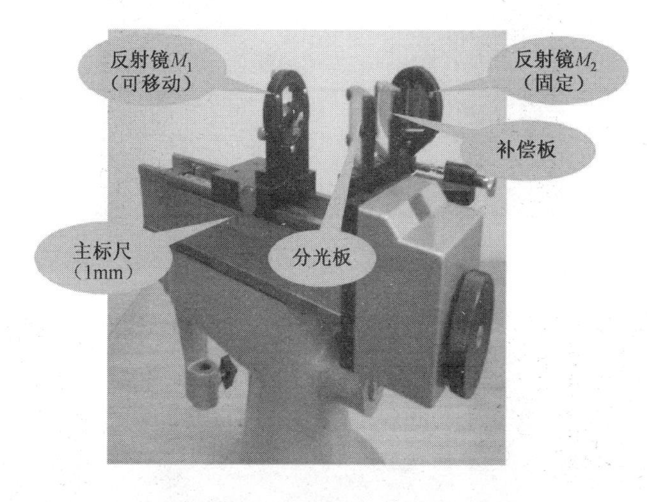

图3-8-3　迈克尔逊干涉仪实物1

图3-8-4　迈克尔逊干涉仪实物2

和 M_2 后面的固定螺丝可以改变平面反射镜的法线方向,但仅可用作微调,不可大幅度改变反光点的位置,并且在实验结束后要及时的恢复固定螺丝的位置,否则对仪器损害比较严重。在干涉仪的工作台面上装有螺距为 1mm 的固定丝杆,丝杆的一端与粗调鼓轮齿轮系统相连接,转动粗调手轮或微调鼓轮都可使丝杆转动,从而使平面反射镜 M_1 沿导轨移动。平面反射镜 M_1 可以与台面侧边的主标尺固定到一起,主标尺的固定丝杆与粗调鼓轮及微调鼓轮之间是相关联的,微调鼓轮每转动一圈(100 小格),粗调鼓轮就转动 1 格,粗调鼓轮每转动 1 圈(100 小格),主标尺的丝杆转动 1mm,这就意味着平面反射镜 M_1 跟着前进或后退 1mm。这样,由迈克尔逊干涉仪测量得到的数据可精确到 10^{-5} mm,最后一位为估读值。具体读数方法如图 3-8-6 所示。

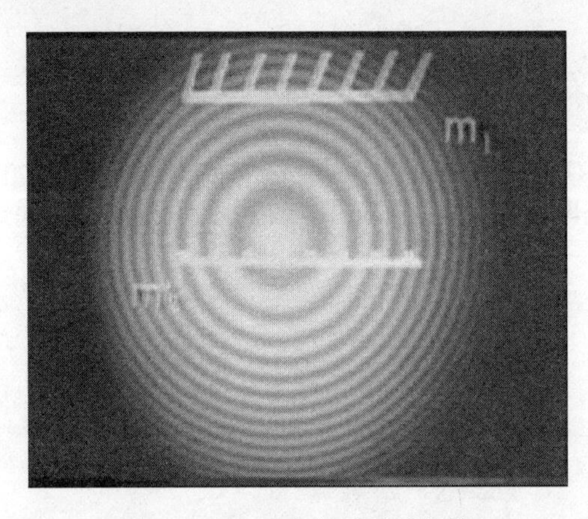

图 3-8-5 迈克尔逊干涉条纹

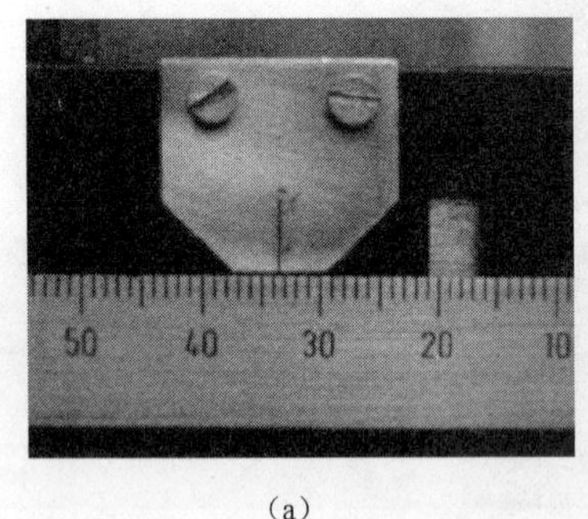

(a)

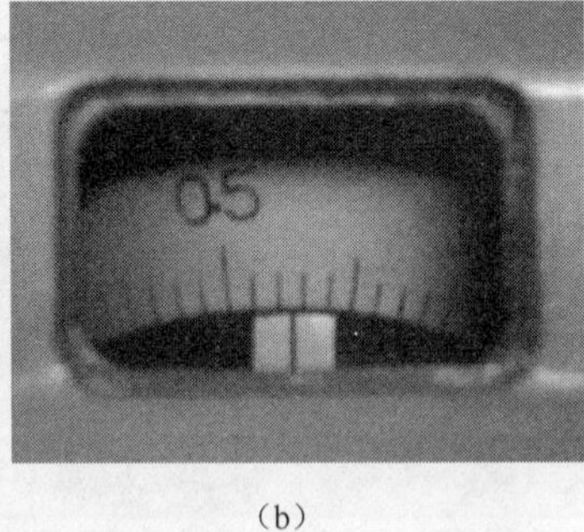

(b)

(c)

图 3-8-6 迈克尔逊干涉仪读数方法示范图,且读数的结果为 33. 52246mm

(a)主尺;(b)粗调手轮读数窗口;(c)微调手轮。

【实验内容与步骤】

(1) 根据提前对实验理论和仪器构造的预习,观察迈克尔逊干涉仪的构造,做到对每一个零部件的作用有一定了解,并且检查仪器设备的每一个零部件处于完好可用的状态。

(2) 转动粗调鼓轮,使得两平面反射镜 M_1 和 M_2 与分光板的距离大致相等,根据仪器构造的具体参数,平面反射镜 M_1 大约在主标尺的 35mm 处,此时两平面反射镜距离分光板的距离大致相等。

(3) 给单色激光光源通电,使其从分光板和补偿板的中央位置垂直照射到平面反射

镜 M_2 上，然后移动激光器的位置，使其通过平面反射镜 M_2 的反光点原路返回到激光器的出光口附近。

(4) 调节平面反射镜 M_2 后面的固定螺丝，使得反射点完全进入激光器的出光口，同时发现接收屏 E 出现两个较亮的反光点。

(5) 调节平面反射镜 M_1 后面的固定螺丝，使得接收屏 E 上面的两个较亮的反光点完全重合（注意此时两个反光点应该是重叠，而不是简单的融为一点）。

(6) 将扩束镜放置到激光器的出光口前，使得所有光全部通过扩束镜，此时接收屏上面就会看到迈克尔逊干涉条纹，即同心圆环。

(7) 调节粗调鼓轮，使得迈克尔逊干涉条纹的圆心处有“冒出”或“缩进”条纹的现象，然后调节微调鼓轮，使得干涉条纹有均匀的“冒出”或“缩进”的现象，即可记录此时平面反射镜 M_1 的位置 X_0。

(8) 继续调节微调鼓轮，使得条纹继续变化，每变化 50 个条纹记录一次数据，依次记录若干组数据。并根据公式计算激光器的波长。

【数据记录与处理】

将迈克尔逊干涉数据记录在表 3-8-1 中。

表 3-8-1　迈克尔逊干涉数据记录表

ΔN	0	50	100	150	200	250
X_i/mm	X_0	X_1	X_2	X_3	X_4	X_5
相邻 X_i 的差 l/mm						

$$\lambda = \frac{2d}{\Delta N} \tag{3-8-3}$$

【注意事项】

(1) 由于该仪器属于精密仪器，调节仪器时动作要轻、稳，不可急躁、粗暴对待；

(2) 分光板、补偿板及两个平面反射镜镜面必须保持清洁，禁止用手触摸光学面；

(3) 数条纹的时候要慢，防止数错而导致误差增大；

(4) 实验中不得用眼直视激光束，以免损坏眼睛；

(5) 为了很好地保护仪器设备，做完实验后，要把平面反射镜后的固定螺丝恢复到放松状态。

3.9　等厚干涉实验

牛顿曾经为了研究薄膜的颜色，仔细研究了凸透镜和平面玻璃组合的实验仪器，发现了“牛顿环”现象的存在。“牛顿环”是一种分振幅方法实现的等厚干涉现象，充分证明了光的波动性。如今，牛顿环在工业测量中有着广泛的应用，如测量光波波长、检测光学表面的平滑程度、微小角度的测量、液体折射率的测量等。本实验中主要利用分振幅的方法将钠光照到透明薄膜上、下表面，如果两反射光的光程差由薄膜厚度来决定，则相同薄膜厚度处的条纹会在同一条纹上，这就是等厚干涉。本实验主要利用等厚干涉现象来测量凸凹透镜的曲率半径，并且检验玻璃表面的平滑程度。

【实验目的】

(1) 观察牛顿环等厚干涉现象，掌握其特点，进一步加深对光的波动性的理解；

(2) 掌握用牛顿环测定凸透镜的曲率半径；

(3) 学习读数显微镜的调整和使用方法。

【实验仪器】

牛顿环仪、JCD3 型读数显微镜、钠灯及其电源。

【实验原理】

在一块平玻璃上放一块曲率半径较大的平凸透镜，在玻璃片和凸透镜之间形成厚度不等的空气薄膜，该装置产生的条纹图形称为牛顿环。

如图 3-9-1 所示，上边部分为牛顿环的实物原理图，由一块平面玻璃上面放置一块平凸透镜组成。因为凸面与平面玻璃相接触，所以除了接触点之外，两玻璃之间再无接触，并且两玻璃面之间形成空气薄膜。因此，一束平行单色光从上面投射下来，则经过空气间隙的上、下表面所反射的两束光之间有光程差，两者相遇时就会产生干涉。由于空气薄膜是以 O 点为中心的圆，因此干涉条纹就是一簇以接触点 O 为中心的明暗交替的同心圆环，这种干涉条纹组成的图形称为牛顿环。在观察牛顿环时会发现，如果两玻璃面在 O 点接触紧密，则牛顿环的中心是一暗斑。如果在 O 点接触不紧密，则牛顿环的中心有可能是一亮斑。

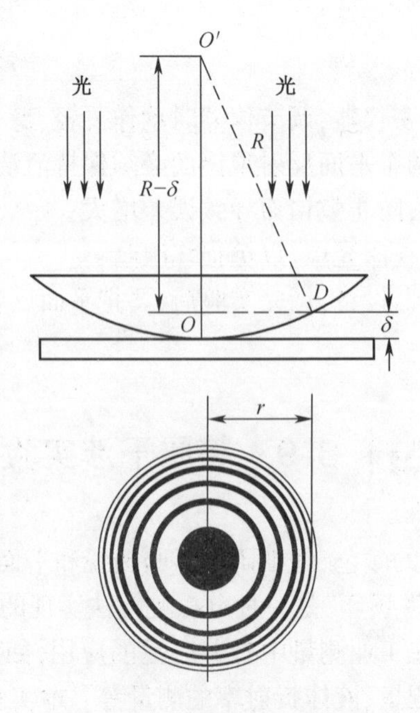

图 3-9-1　牛顿环干涉原理图

设一束波长为 λ 的单色平行光从牛顿环的上方垂直照射,距 O 为 r 的空气间隙厚度为 δ ,则空气薄膜上、下表面所反射的光束的光程差 Δl (其中空气的折射率 $n = 1$) 为

$$\Delta l = 2\delta + \frac{\lambda}{2} \tag{3-9-1}$$

由图 3-9-1 的几何关系可得

$$\frac{\delta}{r} = \frac{r}{(2R - \delta)} \tag{3-9-2}$$

式中: R 为平凸透镜的半径。在本物理实验中的牛顿环曲率半径 R 一般为几厘米到 1m 之间, δ 值很小,所以 $2R - \delta \approx 2R$。 近似后由式(3-9-2)可得

$$\delta = \frac{r^2}{2R} \tag{3-9-3}$$

当光程差为半波长的奇数倍时发生相消干涉,即产生 k 级暗条纹,由式(3-9-1)可得

$$2\delta + \frac{\lambda}{2} = (2k + 1)\frac{\lambda}{2} \tag{3-9-4}$$

式中: k 取 $0,1,2,3,\cdots,n$ 。

将式(3-9-3)代入式(3-9-4),可得

$$r = \sqrt{kR\lambda} \tag{3-9-5}$$

由此可见, r 与 k 和 R 的平方根成正比。所以由里向外的条纹越来越密。

同理, k 级亮纹半径为

$$r' = \sqrt{(2k - 1)\frac{R\lambda}{2}} \tag{3-9-6}$$

由上可知,反射光的牛顿环是中心为暗斑、间距随着级数增加而减小的明暗相间的同心圆。相邻两圆环对应的空气薄膜厚度相差半个波长。

设第 a 级暗纹和第 b 级暗纹的半径分别为 r_a 和 r_b ,则

$$R = \frac{r_a^2 - r_b^2}{\lambda(a - b)} \tag{3-9-7}$$

由式(3-9-7)可知,只要求出 a 级条纹和 b 级条纹的半径,就可计算出牛顿环的曲率半径。但由图 3-9-4 可以看出,干涉条纹的中心零级条纹很大,无法确定其圆心的位置,故对式(3-9-7)化简,可得

$$R = \frac{(r_a + r_b)(r_a - r_b)}{\lambda(a - b)} \tag{3-9-8}$$

由式(3-9-8)分析得,可以不直接测两级条纹的半径,而只需直接测出 $r_a + r_b$ 和 $r_a - r_b$ 的数值,及相应的级数的环数差 $a - b$,代入式(3-9-8)求出透镜的曲率半径 R 。

图 3-9-2~图 3-9-5 分别为读数显微镜实物图、读数显微镜读数尺图牛顿环干涉条纹以及牛顿环实物图。

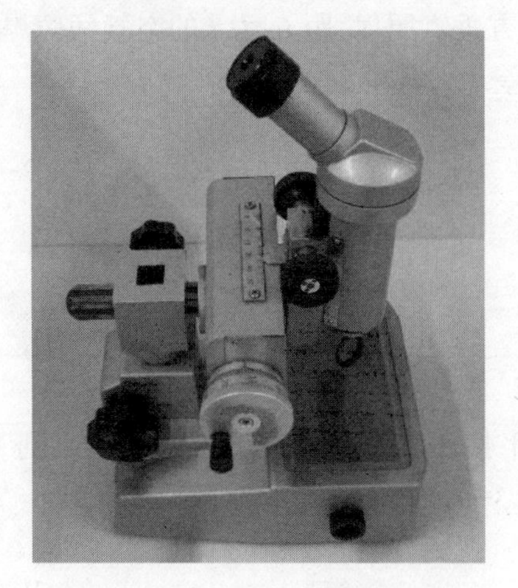

图 3-9-2　读数显微镜实物图

图 3-9-3　读数显微镜读数尺

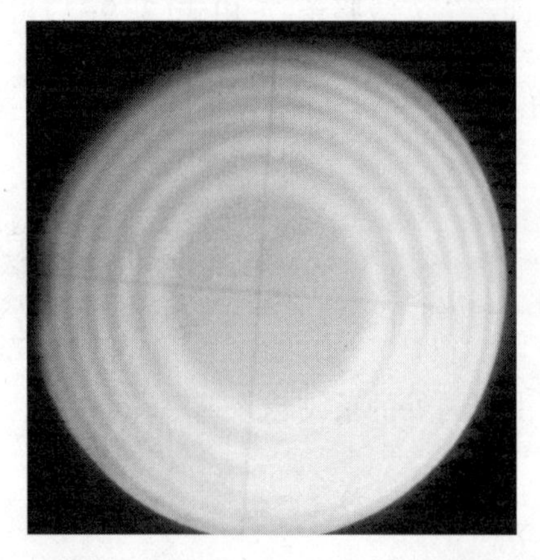

图 3-9-4　牛顿环干涉条纹图形

图 3-9-5　牛顿环实物图

【实验内容及步骤】

（1）根据第 2 章基础仪器使用方法熟悉读数显微镜的使用方法。

（2）调节牛顿环的三个固定螺丝，使牛顿环上的光斑处于牛顿环的中央。

（3）将牛顿环置于读数显微镜的载物台上，调节读数显微镜的反光片法线方向，使得读数显微镜的视野最亮，钠灯的光强最强，调节目镜焦距，使视野中的"+"字坐标显示清晰，并且坐标方向横平竖直。

（4）调节读数显微镜的调焦螺丝，直到看到清晰的干涉条纹为止。

（5）移动牛顿环位置，使干涉条纹的中心暗斑出现在读数显微镜视野的中央。

（6）将"+"字坐标交点对准干涉条纹中心，旋转显微镜微调鼓轮使其向条纹的一侧移动到 a 级条纹以外（2 级~3 级），然后反向旋转读数显微镜的微调鼓轮，当"+"字坐标交点对准 a 级条纹时记下读数，继续移动读数显微镜的微调鼓轮，并依次记下 X_a、X_b、X'_b、X'_a 的读数，测量 3 次，并计算出 $r_a + r_b$ 和 $r_a - r_b$。

注：为了防止读数显微镜的空转带来较大的误差，同一组数据里依次测量的 4 个数应

保证读数显微镜的微调鼓轮沿同一个方向转动。

【数据记录与处理】

(1) 根据表 3-9-1 中记录的数据，计算出 $(r_a + r_b)$ 和 $(r_a - r_b)$ 的值：

表 3-9-1　牛顿环数据记录表

n \ X	X_a	X_b	X'_b	X'_a
1				
2				
3				

(2) 根据表 3-9-2 中计算出的数值，代入式(3-9-8)计算出牛顿环的曲率半径。

表 3-9-2　牛顿环数据处理计算表

$r_a + r_b = \lvert X_a - X'_b \rvert$或$\lvert X'_a - X_b \rvert$						
$r_a - r_b = \lvert X_a - X_b \rvert$或$\lvert X'_a - X'_b \rvert$						

【注意事项】

(1) 使用读数显微镜进行测量时，手轮必须向一个方向旋转，中途不可倒退；

(2) 读数显微镜镜筒必须自下而上移动，切莫让镜筒与牛顿环装置碰撞；

(3) 光学仪器光学面在实验时不要用手去摸或与其他东西相接触，因为这样极易磨损精致的光学表面，若有不洁需用专门的擦镜纸擦拭。

【分析与思考】

1. 本实验中测定透镜曲率半径的计算公式是什么？为什么不用 $r_k = \sqrt{kR\lambda}$ ？
2. 什么叫做牛顿环？
3. 为什么在测量时要求显微镜筒只沿一个水平方向平移？

3.10　用箱式电位差计测量热电偶的温差电动势

热电偶是热能—电势能的转换器，它的重要应用之一是测量温度。与水银温度计等测温器件相比，不仅测温范围广（-200~2000℃）、灵敏度和准确度高、结构简单、制作方便，而且热容量小、响应快、对测量对象的状态影响小。由于热电偶可以直接将温度转换成电动势，因此非常适用于自动调温和控温系统。

电位差计是一种高准确度的测量仪器，一般金属热电偶的温差电动势很小，故该实验选用低电势电位差计来测量热电偶的温差电动势。

【实验目的】

(1) 掌握 UJ31 型电势差计的结构、工作原理和使用方法;
(2) 测量热电偶的温差电动势。

【实验仪器】

UJ31 型箱式电位差计、检流计、标准电池、直流稳压电源、热电偶装置(本实验中的热电偶由镍和康铜丝焊接而成,固定在支架上,低温 t_0 端点放入盛有冰水混合物的保温杯中,高温 t 端点放入盛水的用电热炉加热的烧杯中,用温度计表示热端的温度)

【实验原理】

1. 热电偶

如图 3-10-1 所示,两种不同金属组成一闭合回路时,若两个接点 A、B 处于不同温度 t_0 和 t,则在两接点 A、B 间产生电动势称为温差电动势,这种现象称为温差电效应。热电偶回路当中产生的温差电动势是由汤姆逊电动势和珀耳帖电动势共同组成的。

汤姆逊电动势是由于同一导体的两端温度不同,高温端的电子能量比低温端的电子能量大,所以高温端跑向低温端的电子数目比低温端跑向高温端的多。这种自由电子从高温端向低温端的扩散,使得高温端因电子数的减少而带正电,低温端因电子的堆积而带负电,从而在高、低温端之间产生一个从高温端指向低温端的电场。该电场将阻滞电子从高温端向低温端扩散,而将电子从低温端向高温端搬运直至两种运动最后达到动态平衡,使得导体两端保持一个电势差,该电势就是汤姆逊电动势,它的大小只与导体材料和两端温度有关,而与导体形状无关。因此,用同一种材料的两导体组成的闭合回路汤姆逊电动势反向且相等,在回路中的作用相互抵消,不能形成稳恒电流。

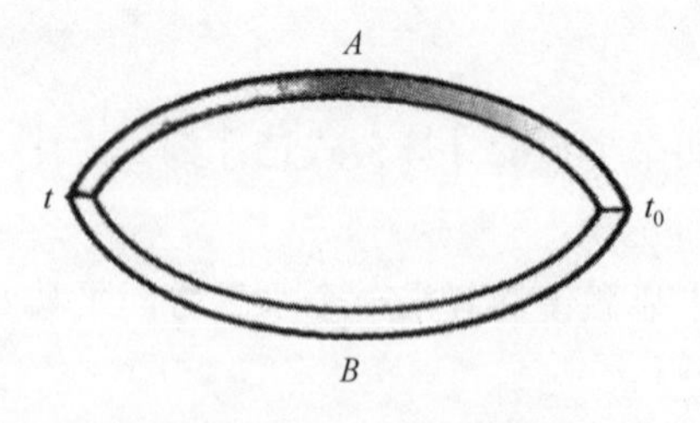

图 3-10-1　热电偶

珀耳帖电动势也称为接触电动势。当两种不同导体 A、B 接触时,由于材料不同,两导体内电子密度也不同,电子向接触面两边扩散的程度也就不同。若 A 导体的电子密度小于 B 导体,则接触处电子从 A 扩散到 B 的数目要比从 B 向 A 扩散的少,结果 A 因得到电子而带负电,B 因失去电子而带正电。因此,在接触区形成由 B 到 A 的电场,这个电场对电子从 B 到 A 的扩散起到了阻滞作用,而对从 A 到 B 的扩散起到了加速作用,达到动态平衡后,接触面间产生稳定的电势差,这就是珀耳帖电动势。珀耳帖电动势的大小除与两种导体的材料有关外,还与接触点的温度有关。若接触点处 $t=t_0$,则仅靠接触电势,回

路中也不可能产生稳恒电流。因为两接触点处的接触电动势等值而反向,使得该回路总电动势为零。

温差电动势 ε 的大小除和热电偶材料的性质有关外,另一决定的因素就是两个接触点的温度差 $t-t_0$。电动势与温差的关系比较复杂,当材料一定且温差不大时,取其一级近似可表示为

$$\varepsilon = c(t - t_0) \tag{3-10-1}$$

式中:c 为热电偶常数(或称温差系数),等于温差 1℃ 的电动势,其大小决定于组成热电偶的材料。

将热电偶、电位差计等相关仪器组合在一起构成热电偶温度计。当已知冷端温度,并测出其温差电动势后,便可求出热端温度:

$$t = t_0 + \varepsilon/c \tag{3-10-2}$$

2. UJ31 型箱式电势差计的原理及使用

箱式电势差计的构造原理就是补偿法原理。如图 3-10-2 所示,如果两个电动势相等,则电路中没有电流通过,$I=0$,$E_N=E_x$。如果 E_N 为其电动势能够调成任意已知的标准电池,则利用这种互相抵消的方法就能准确地测量被测的电动势 E_x,这种方法称为补偿法。

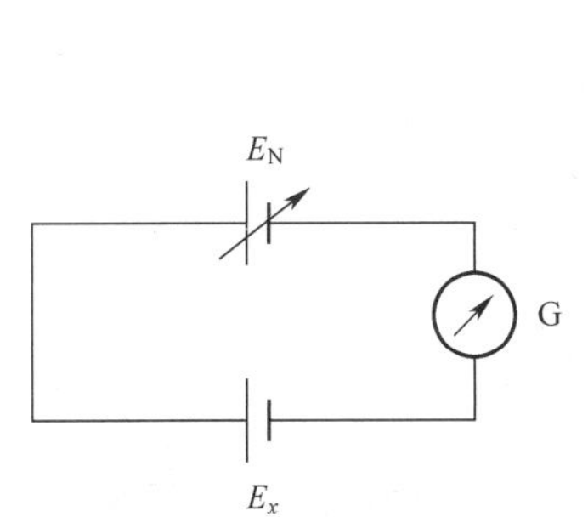

图 3-10-2　补偿法原理图

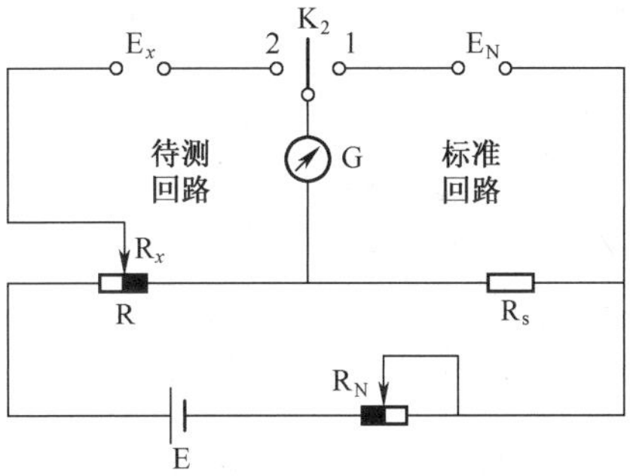

图 3-10-3　UJ31 型箱式电位差计原理图

UJ31 型箱式电位差计属于定流变阻式电位差计,其简化原理如图 3-10-3 所示。图 3-10-3中:E 为工作电源;R_N 为工作回路的限流电阻;E_N 为标准电池;E_x 为待测电动势;R_s 为工作电流调定电阻,提供一个标准电压与标准电池的电动势相互补偿,以确定工作电流;R_x 为测量电阻,提供一个标准电压与未知电动势相互补偿,从而测出待测电动势。其具体过程如下:

(1) 电势差计的校准:取 $R_s = \dfrac{E_N}{I_0}$,I_0 为额定工作电流。根据补偿原理,当 R_s 上的实际电流为额定工作电流 I_0 时,R_s 上的实际电压应与标准电池 E_N 相等,导致流过检流计的电流为零。因此,通过判断流过检流计的电流是否为零来判断限流电阻 R_N 是否应该调动。

(2) 温差电动势的测量:将待测电动势接到"未知 1"或"未知 2",调节 R_x 使检流计对准零刻度线,流过检流计的电流为零。此时 R_x 上的电压 $U_x=R_x \times I_0$ 与待测电压 E_x 相

等，读出 R_x 上的电压即可。

UJ31 型箱式电势差计是一种低电势、双量程的电势差计，当量程开关 K_0 指向“×10”挡时，最大量程为 171mV，当量程开关指向“×1”挡时，最大量程为 17.1mV。

3. 热电偶的定标

(1) 比较法：用被校热电偶与标准热电偶去测同一温度，测得一组数据，其中被校热电偶测得的热电势由标准热电偶所测得的热电势所校准，在被校热电偶的使用范围内改变不同的温度，进行逐点校准，就可得到 $E-\Delta t$ 校准曲线。本实验用此法来对热电偶进行定标。

(2) 固定点法：利用已知的几种合适纯物质在一定气压下（一般是标准大气压）的沸点和熔点温度，也可通过恒温加热装置确定几个温度点，测出热电偶在这些温度下的对应的电动势，从而得到热电势和 $E-\Delta t$ 关系曲线，即为所求的校准曲线。

【实验内容与步骤】

(1) 将开关 K_2 旋至“断”的位置，令 R_S 为 1.0186V，量程开关 K_1 旋至“×1”挡，将粗、细和短路按键全部松开。

(2) 按图 3-10-4 接线。检流计调零，检流计挡位调至 100μA，接线（接通标准电池），接通外接电源（不要开炉子）。

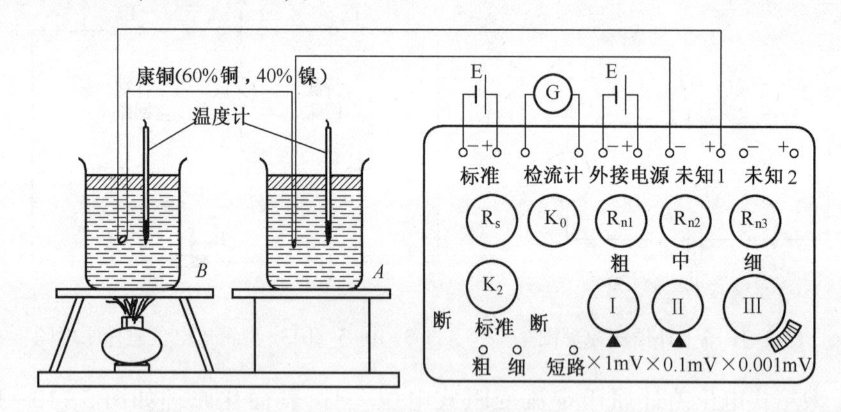

图 3-10-4 UJ31 型电位差计面板及实验线路

(3) 校准工作电流。

① 按下式计算室温下标准电池的电动势：

$$E_s(t)=E_s(20)-[39.9(t-20)+0.94(t-20)^2-0.009(t-20)^3]\times 10^{-6}(\mathrm{V})$$

式中：$E_s(20)$ 为 20℃ 时标准电池的电动势，$E_s(20)=1.0186V$；t 为室温。调节 R_s 示值与 $E_s(t)$ 相等。

② 旋转 K_2 至“标准”，先后按下“粗”“中”“细”按钮，旋转 R_{n1}、R_{n2}、R_{n3} 使检流计指零。

(4) 温差电动势的测量。给烧杯加水（漫过温度计底），记录此时两个温度计读数，将保温杯的温度读数计为 t_0，烧杯温度计读数 t，旋转 K_2 至“未知 1”（开炉），调节读盘数 Ⅰ、Ⅱ、Ⅲ，使检流计指示到零位，三个测量盘 R_x 上的总和即为被测温差电动势的值。

用可控电炉加热烧杯，调整读数盘Ⅰ、Ⅱ、Ⅲ，使检流计指零，当 $t-t_0$ 每升高 5℃(温差电动势约增加 0.2mV)，记录此时数据。

【数据记录与处理】

(1) 将数据记录到表 3-10-1。

表 3-10-1　数据记录表

热端温度 t/℃								
温差电动势 E/mV								

室温 t=________℃　　　　　　　热电偶冷端温度 t_0=________℃

(2) 以 $t-t_0$ 为横轴、E 为纵轴作图，求电偶常数 c(图的斜率)。

【注意事项】

(1) 本实验用到电炉，要注意人身安全，并防止火灾。
(2) 本实验用到的电路接线时应注意极性，特别是标准电池极性不能接反。
(3) 使用电位差计时，校准与测量的时间间隔越短越好。
(4) 实验结束时应将 K_2 指示在“断”的位置上。

【分析与思考】

1. UJ31 型电位差计上的“短路”按钮的作用是什么？应该怎样使用？

2. 在校准工作电流时发现，如果所用仪器都是良好的，但检流计的指针始终向一个方向偏转，无法指零，试问原因何在？应从哪几个方面去检查线路是否正确或者存在电路故障？

【附表】

UJ31 型电位差计各部分标记、名称、特点及作用

标记与名称		作用、特点及操作注意事项
总控	K_2：操作步骤选择开关	K_2 是多挡转换开关。校准电位差计时，应旋至“标准”位置，使标准电阻 R_s 上的电压降与外接标准电池相补偿。测量未知电动势时，旋至“未知 1”或“未知 2”。不用时旋至“断”位置
	K_1(粗、细、短路)：检流计按钮开关	用于控制外接检流计的按钮开关。标有 K_1 的开关有两个，分别标记为“粗”和“细”，操作时，应先按“粗”按钮，这时检流计接有 10kΩ 电阻；待检流计几乎不偏转时，再按下“细”按钮进行细调。按下“短路”按钮时，检流计被短路，能止住光标(或指针)的摆动
测量	K_0：量程选择开关	测量前预先选定 未知电动势=测量盘读数×倍率
	Ⅰ、Ⅱ、Ⅲ：测量盘	补偿电阻 R_x 被分为Ⅰ(×1)、Ⅱ(×0.1)、Ⅲ(×0.001)三个电阻调节盘，已按×1 时的电压值标定分度，电位差计处于补偿状态时，可直接从三个转盘上读出未知电动势

（续）

标记与名称		作用、特点及操作注意事项
校准	R_s：温度补偿盘	为补偿温度不同时标准电池电动势的变化而设置。校准前根据室温求出标准电池电动势 E_n，再将 R_s 盘旋至对应位置，该盘已直接按电池电动势标定了分度
	R_{n1}、R_{n2}、R_{n3}：工作电流调节盘	“校准”电位差计时，旋转“粗、中、细”三个工作电流调节盘，使检流计指零。这时工作电流 $I_0 = 10.000\text{mA}$

3.11 液体黏滞系数的测定

当两个相互作用的物体发生相对运动时，在两物体接触面之间会产生阻碍它们相对运动的摩擦力。同理，当液体相对于其他物体运动时，在其接触面也会产生摩擦力。该性质称为液体的黏性，对应的摩擦力叫黏滞力。黏滞力的方向平行于接触面，大小与接触面的面积及接触面处的速度梯度成正比，可表示为

$$f = \eta \cdot \Delta S \cdot \frac{\mathrm{d}v}{\mathrm{d}y}$$

式中：ΔS 为流体层的面积；$\frac{\mathrm{d}v}{\mathrm{d}y}$ 为流体层之间速度的空间变化率。η 为黏滞系数（Pa·s）也称为摩擦系数。

黏滞系数与流体的性质和温度有关，液体温度升高后黏滞系数会变小。测定液体黏滞系数的方法很多，一般采用间接方法进行测量。例如，斯托克斯法（落球法）适用于测定黏滞系数较大的液体，转筒法适用于测定黏滞系数为 0.1～100Pa·s 的液体，毛细管法适用于测定黏滞系数较小的液体。本实验主要介绍落球法。

【实验目的】

(1) 观察小球在液体中的运动现象以及液体的黏滞现象；
(2) 学习用斯托克斯法测定液体的黏滞系数。

【实验仪器】

玻璃圆筒、小球、秒表、米尺、千分尺、磁铁、镊子、温度计、密度计（见图 3-11-1）。

【实验原理】

如图 3-11-2 所示，让小球从液体上方自由下落落入液体中，小球受到重力 G（竖直向下）、浮力 N（竖直向上）、黏滞力加速运动，随着速度增大，黏滞力也增大，当浮力 N 和黏滞力 f 之和等于重力 G 时，小球将匀速下落，速度不再增加，此时的速度称为收尾速度 v_0，有

$$G - N - f = 0 \tag{3-11-1}$$

在小球相对于液体的运动速度不大且该液体不产生漩涡的情况下小球在液体中匀速运动,则附着在小球表面的液体与它周围的液体间的黏滞力,即小球受到的黏滞阻力 f 可由斯托克斯公式给出:

$$f = 6\pi r\eta v \tag{3-11-2}$$

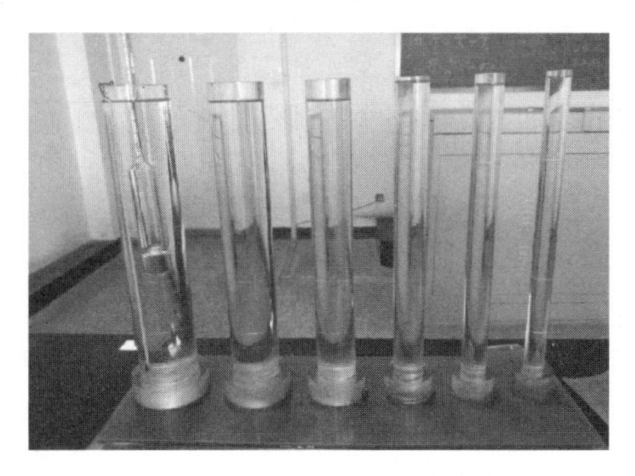

图 3-11-1　黏度系数测定仪实物图

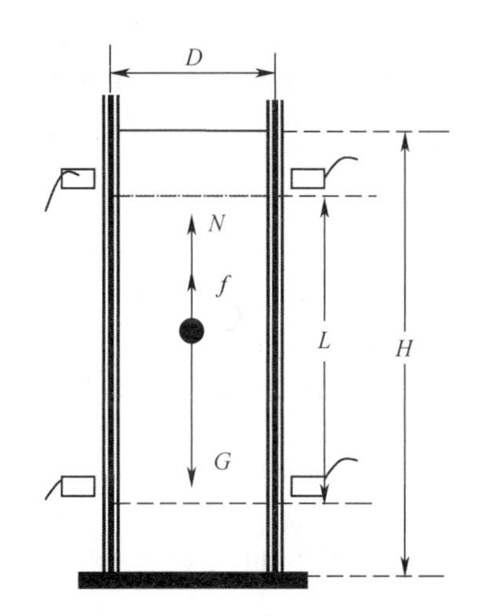

图 3-11-2　液体的黏滞系数测量装置

式中: v 为小球的运动速度; r 为小球的半径。

斯托克斯定律成立的条件如下:

(1) 媒质的不均一性与球体的大小相比是很小的;

(2) 球体仿佛是在一望无涯的媒质中下降;

(3) 球体是光滑且刚性的;

(4) 媒质不会在球面上滑过;

(5) 球体运动很慢,故运动时所遇的阻力由媒质的黏滞性所致,而不是因球体运动所推向前行的媒质的惯性所产生。

式(3-11-1)可写为

$$\frac{4}{3}\pi r^3\rho g - \frac{4}{3}\pi r^3\rho_0 g - 6\pi r\eta v = 0 \tag{3-11-3}$$

式中: ρ 为小球的密度; ρ_0 为液体的密度; g 为重力加速度。

在液体中,小球匀速下落了一段距离 L,相应的时间为 t,将 $v=\frac{L}{t}$,$r=\frac{d}{2}$ 代入式(3-11-3)可得

$$\eta=\frac{(\rho-\rho_0)\ gd^2t}{18L} \tag{3-11-4}$$

实验时,小球在圆筒中下落,圆筒的深度和直径均为有限,故不能满足无限深广的条件,考虑到管壁对小球的影响,式(3-11-4)应该进行修正。测量表达式为

$$\eta=\frac{gd^2t(\rho-\rho_0)}{18L\left(1+2.4\frac{d}{D}\right)\left(1+1.6\frac{d}{H}\right)} \tag{3-11-5}$$

式中:d 为小球的直径;D 为圆筒的内径;H 为液柱高度。

可见,若已知小球和液体的密度 ρ、ρ_0 和重力加速度 g,只要测量出小球的直径 d、圆筒的内径 D、液面之间的距离 H、两标志线之间的距离 L 以及小球经过 L 的时间 t,便可算出液体的黏滞系数 η。

【实验内容与步骤】

筒内待测液体的深度为 H。圆筒上有两条标志线,其间距为 L。小球从漏斗落下,到上面的刻线处可看作匀速运动。小球落到底后,可利用磁铁吸引沿筒壁将小球移至圆筒口附近,再用镊子夹住取出。

(1) 测量液面之间的距离 H。

(2) 将小球在所测液体中浸润一下,然后从量筒中心放入,经过圆筒上面的刻线时,秒表开始计时,到小球落到下面刻线时,停止计时,读出下落时间,重复 3 次。

(3) 用米尺测出 L,圆筒的内径 D 根据玻璃管的型号确定,小球的密度 ρ 和液体的密度 ρ_0 以及小球的直径由实验室给出。

(4) 计算液体的黏滞系数 η 。

【数据记录与处理】(表 3-11-1、表 3-11-2)

表 3-11-1

d/mm	l/mm	D/mm	H/mm	ρ'/(kg/m^3)	ρ/(kg/m^3)
				7.82×10^3	0.958×10^3

表 3-11-2

测量次数	1	2	3	4	5	6
t/s						

$$\bar{t}=\frac{\sum t_i}{6}$$

$$\eta=\frac{(\rho-\rho_0)gd^2t}{18l}\cdot\frac{1}{\left(1+2.4\frac{d}{D}\right)\left(1+1.6\frac{d}{H}\right)}$$

3.12　空气比热容比的测定

气体的比热容比 γ 是气体的比定压热容 c_p 与比定容热容 c_V 之比,即 $\gamma = c_p/c_V$,它是绝热过程中很重要的一个参数。γ 的测定对研究气体的内能、气体分子的运动和分子内部运动规律都是很重要的。

【实验目的】

(1) 用绝热膨胀法测定空气的比热比;

(2) 观测热力学过程中气体状态变化及基本物理规律;

(3) 了解气体压力传感器和电流型集成温度传感器的原理及使用方法。

【实验仪器】

空气比热比测定仪主要由三部分组成:机箱(含数字电压表2只)、储气瓶、传感器AD590温度传感器和扩散硅压力传感器各1只)。

【实验原理】

理想气体的比定压热容 c_p 和比定容热容 c_V 之关系由下式表达:

$$c_p - c_V = R \tag{3-12-1}$$

式中:R 为摩尔气体常数。

气体的比热比为

$$\gamma = \frac{c_p}{c_V} \tag{3-12-2}$$

γ 值经常出现在热力学方程中,以储气瓶内空气作为研究的热学系统,进行如下实验过程:

(1) 先打开放气阀,使储气瓶与大气相通,再关闭放气阀,让瓶内充满与周围空气同温、同压的气体,即状态(p_0, V_2, T_0)(其中,p_0 为环境大气压强,T_0 为室温,V_2 为储气瓶体积)。

(2) 先打开充气阀,用充气球向瓶内打气,充入一定量的气体,再关闭充气阀。此时瓶内空气被压缩,压强增大,温度升高。待内部气体温度稳定,且达到与环境温度相等时,气体处于状态(p_1, V_2, T_0)。

(3) 迅速打开放气阀,使瓶内空气与大气相通,当瓶内压强降至 p_0 时,立刻关闭放气阀,将有体积为 ΔV 的气体喷泻出储气瓶。将瓶中保留的气体作为研究对象,由于放气过程较快,瓶内剩下的气体来不及与外界进行热交换,故可以认为是一个绝热膨胀过程。在此过程进行之后,瓶中剩下的气体由状态Ⅰ(p_1, V_1, T_0)转变为状态Ⅱ(p_0, V_2, T_1),其中,V_1 为瓶中保留气体在状态Ⅰ(p_1, T_0)时所占的体积。

(4) 因为瓶内气体温度 T_1 低于室温 T_0,所以瓶内气体慢慢从外界吸热,直至达到室温 T_0 为止,此时瓶内气体压强也随之增大为 p_2,气体状态变为Ⅲ(p_2, V_2, T_0)。从状态

Ⅱ至状态Ⅲ的过程可以看作是一个等容吸热过程。总之,由状态Ⅰ至状态Ⅱ至状Ⅲ态的过程如图 3-12-1(a)、(b)所示。

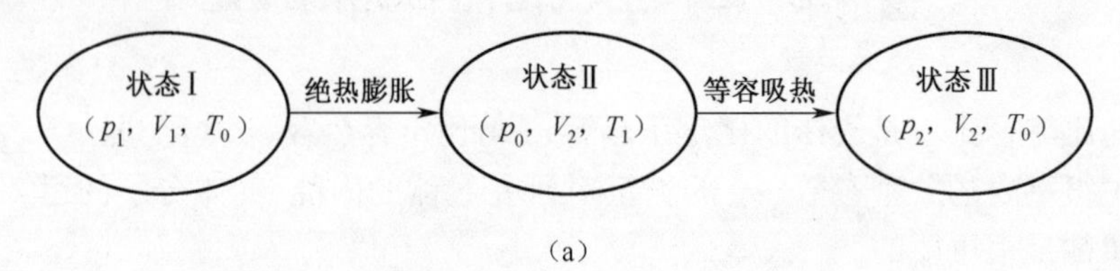

(a)

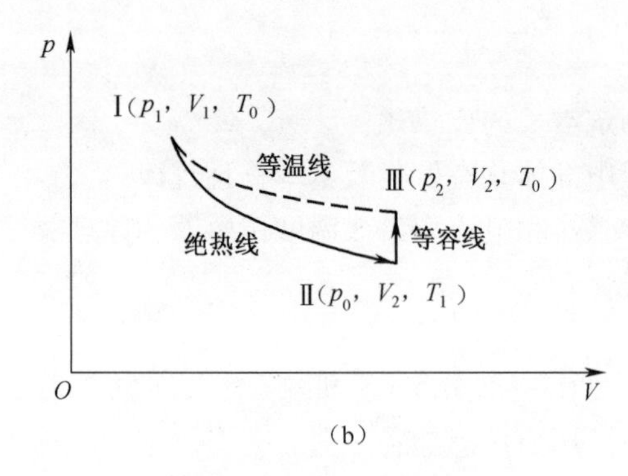

(b)

图 3-12-1　实验过程状态分析

状态Ⅰ至状态Ⅱ是绝热过程,由绝热过程方程可得

$$p_1 V_1^{\gamma} = p_0 V_2^{\gamma} \tag{3-12-3}$$

状态Ⅰ和状态Ⅲ的温度均为 T_0,由气体状态方程可得

$$p_1 V_1 = p_2 V_2 \tag{3-12-4}$$

合并式(3-12-3)和式(3-12-4),消去 $V_1 V_2$,可得

$$\gamma = \frac{\ln p_1 - \ln p_0}{\ln p_1 - \ln p_2} = \frac{\ln(p_1/p_0)}{\ln(p_1/p_2)} \tag{3-12-5}$$

由式(3-12-5)可以看出,只要测得 p_0 p_1 p_2 就可求得空气的 γ。

应用图 3-12-2 所示的装置,将原处于环境大气压强 p_0、室温 T_0 的空气从进气阀门 C_1 处送入储气瓶内,这时瓶内空气压强增大至 p_1,关闭阀门 C_1,待稳定后空气达到初始状态。

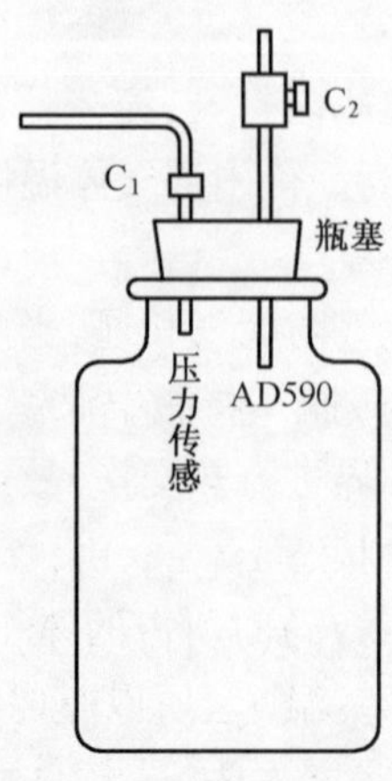

图 3-12-2　实验装置

然后突然打开放气阀门 C_2 向外界放气，这是一个绝热膨胀过程。放气完成后迅速关闭阀门，在关闭活塞 C_2 之后，储气瓶内气体温度逐渐升高至 T_0，这是最终状态。

如果测出大气压强 p_0，瓶内初始压强 p_1 和最终压强 p_2，由式(3-12-5)可求得空气比热比。

实验中温度是由 AD590 集成温度传感器测量的，实验所用的测温电路如图 3-12-3 所示，串接 5kΩ 电阻可产生 5mV/K 信号电压。温度若用量程为 0~2.0000V 的四位半数字电压表读出，可检测最小 0.02℃ 的温度变化。空气压强由扩散硅压力传感器测量，压力传感器输出信号经放大后输入到数字电压表，由表读出测量电压值 U。当待测气体压强为环境大气压 p_0 时，数字电压表显示为 0；当待测气体压强为 $p_0+1.00\text{kPa}$ 时，显示为 20mV。仪器测量范围为 $p_0 \sim p_0+10\text{kPa}$，灵敏度为 20mV/kPa，采用 0~200.0mV 电压表时，测量精度为 5Pa。

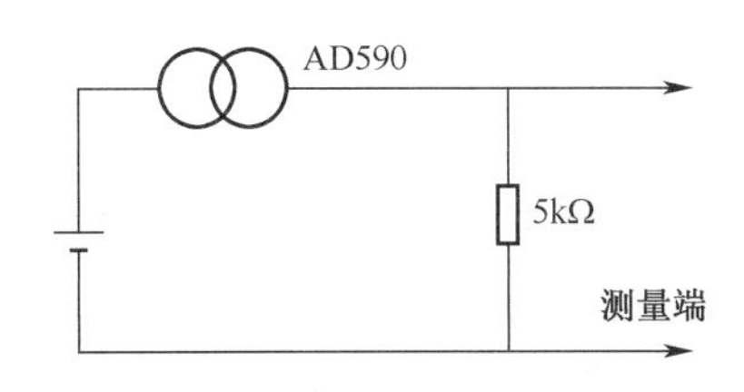

图 3-12-3　测温电路

【实验内容与步骤】

(1) 接好仪器的电路，注意 AD590 温度传感器的正、负极勿接错。用福廷(Forton)式气压计测定大气压强 p_0，用水银温度计测环境室温 T_0。开启电源，将电子仪器部分预热 20min，然后用调零电位器调节零点，把三位半数字电压表值调到零，记录反映温度的电压值 T'_0。

(2) 关闭放气阀 C_2，打开充气阀 C_1，用打气球把空气稳定地慢慢压入储气瓶内，分别用压力传感器和 AD590 温度传感器测量空气的压强和温度(都是以电压值表示)，记录瓶内压强均匀稳定时的压强 p'_1 和温度值 T'_1(T'_1 近似为 T'_0，但往往高于 T'_0)。

(3) 突然打开阀门 C_2(放气)，当储气瓶内气体压强降至大气压强 p_0 时(这时放气声消失)，迅速关闭 C_2。

(4) 当储气瓶内空气的温度上升至室温 T_0 时，记录下储气瓶内的压强 p'_2(因实验过程中室温可能有所变化，故只需等瓶内压强 p'_2 稳定即可记录，此时瓶中温度 T'_2 近似为 T'_0)。用式(3-12-5)求得空气的比热比。

【数据记录与处理】

$$p_1 = p_0 + p'_1/2000$$

$$p_2 = p_0 + p'_2/2000$$

式中：p_0 的单位为 Pa；p'_1 和 p'_2 的单位为 mV；$p'_1/2000$ 和 $p'_2/2000$ 的单位为 1×10^5Pa(200mV 读数相当于 1.000×10^4Pa)。

$$\gamma = \frac{\ln(p_1/p_0)}{\ln(p_1/p_2)}$$

根据公式将数据记录在表 3-12-1 中

表 3-12-1　数据记录

$p_0/(\times10^5\text{Pa})$	p_1'/mV	T_1'/mV	p_2'/mV	T_2'/mV	$p_1/(\times10^5\text{Pa})$	$p_2/(\times10^5\text{Pa})$	γ
1.0248							

γ=______，理论值 γ=______，相对误差 E_γ=______（注意放气时间太长或太短都将引入较大误差）。

【分析与思考】

1. 根据实验过程，分析实验误差的来源。
2. 实验过程中要求环境温度基本不变，若温度发生变化，对实验有什么影响？
3. 实验中打开阀门 C_2，如何掌握放气结束后关闭阀门的时机？

3.13　用冷却法测量金属比热容

单位质量的物质，其温度升高或降低单位温度时所需的热量，称为该物质的比热容。根据牛顿冷却定律（对流换热时，单位时间内物体单位表面积与流体交换的热量，同物体表面温度与流体温度之差成正比），用冷却法测定金属的比热容是量热学中常用方法之一。

【实验目的】

（1）学会用冷却法测量金属比热容；
（2）利用铜样品为标准样品，用冷却法测量铁和铝在 100℃下的比热容。

【实验仪器】

冷却法金属比热容测量仪、天平、秒表。

【实验原理】

将质量为 m_1 的金属样品加热后，放到较低温度的介质（如室温的空气）中，样品将会逐渐冷却，其单位时间的热量损失 $\Delta Q/\Delta t$ 与温度下降的速率成正比，于是得到下列关系式：

$$\frac{\Delta Q}{\Delta t} = c_1 m_1 \frac{\Delta\theta_1}{\Delta t} \tag{3-13-1}$$

式中：c_1 为该金属样品在温度 θ_1 下的比热容；$\frac{\Delta\theta_1}{\Delta t}$ 为金属样品在 θ_1 下的温度下降速率。

根据冷却定律有

$$\frac{\Delta Q}{\Delta t}=a_1S_1\ (\theta_1-\theta_0)^k \tag{3-13-2}$$

式中：a_1 为热交换系数；S_1 为该样品外表面的面积；k 为常数；θ_1 为金属样品的温度；θ_0 为周围介质温度。

由式(3-13-1)和式(3-13-2)可得

$$c_1m_1\frac{\Delta\theta_1}{\Delta t}=a_1S_1\ (\theta_1-\theta_0)^k \tag{3-13-3}$$

同理，对质量为 m_2，比热容为 c_2 的另一种金属样品，可有同样的表达式

$$c_2m_2\frac{\Delta\theta_2}{\Delta t}=a_2S_2\ (\theta_2-\theta_0)^k \tag{3-13-4}$$

由式(3-13-3)和式(3-13-4)可得

$$\frac{c_2m_2\dfrac{\Delta\theta_2}{\Delta t}}{c_1m_1\dfrac{\Delta\theta_1}{\Delta t}}=\frac{a_2S_2\ (\theta_2-\theta_0)^k}{a_1S_1\ (\theta_1-\theta_0)^k} \tag{3-13-5}$$

故有

$$c_2=c_1\frac{m_1\dfrac{\Delta\theta_1}{\Delta t}a_2S_2(\theta_2-\theta_0)^k}{m_2\dfrac{\Delta\theta_2}{\Delta t}a_1S_1\ (\theta_1-\theta_0)^k} \tag{3-13-6}$$

如果两样品的形状大小相同，即 $S_1=S_2$，两样品的表面状况也相同（如涂层、色泽等），周围介质（空气）的性质也不变，则有 $a_1=a_2$。则当周围介质温度不变（如室温 θ_0 恒定而样品又处于相同温度 $\theta_1=\theta_2=\theta$）时，式(3-13-6)可以写为

$$c_2=c_1\frac{m_1\dfrac{\Delta\theta_1}{\Delta t_1}}{m_2\dfrac{\Delta\theta_2}{\Delta t_2}} \tag{3-13-7}$$

如果已知标准金属样品的比热容 c_1 和质量 m_1 以及待测样品的质量 m_2 和两样品在温度 θ 下的冷却速率之比，就可以求出待测的金属材料的比热容 c_2。

表 3-13-1 列出了几种材料的比热容。

表 3-13-1　几种材料的比热容

比热容/[J/(g·℃)] 温度/℃	c_{Fe}	c_{Al}	c_{Cu}
100	0.110	0.230	0.0940

【实验步骤】

(1) 用铜-康铜热电偶测量温度，而热电偶的热电势采用放大器和三位半数字电压

表,经信号放大后输入数字电压表,读出的 mV 数查表即可换算成温度。

(2) 选取长度、直径、表面光洁度尽可能相同的三种金属样品(铜、铁、铝)用物理天平或电子天平称出它们的质量 m_0。再根据 $m_{Cu} > m_{Fe} > m_{Al}$ 这一特点,把它们区别开来。

(3) 正确放置热端和冷端,将金属样品放置在相应位置。

(4) 打开热源,给样品加热至150℃(电压示值为6.702mV)后,切断电源移去电炉,样品继续安放在与外界基本隔绝的金属圆筒内自然冷却(筒口须盖上盖子)。

(5) 温度降至102℃(示值为4.37mV)时开始计时,至98℃(示值为4.18mV)时停止计时,记录所需要的时间 Δt_0。

(6) 每种样品重复测量5次,将测量结果填入表3-13-2中。因为各样品的温度下降范围相同($\Delta=102℃-98℃=4℃$),所以式(3-13-7)可以简化为 $c_2=c_1\dfrac{m_1\ (\Delta t)_2}{m_1\ (\Delta t)_1}$

根据上式,计算铁和铝在100℃下的比热容,并与标准值进行比较。

【数据记录与处理】

(1) 降温时间差记录在表3-13-2中。

表3-13-2 降温时间差记录表

样品 \ 次数	1	2	3	4	5	$\bar{\Delta t}$/s	$U_A(\bar{\Delta t})$
Fe							
Cu							
Al							
注:样品质量 $m_{Cu}=4.2g, m_{Fe}=4.0g, m_{Al}=1.5g$							

(2) 以铜为样品求铁和铝在100℃下的比热容并与标准值作比较。

热电偶冷端温度 $\theta_0=0℃$, $t=100℃$时, c_{Fe}、c_{Al}、c_{Cu}见表3-13-1。

$$c_{Fe}=c_{Cu}\frac{m_{Cu}\dfrac{\Delta\theta_{Cu}}{\Delta t_{Cu}}}{m_{Fe}\dfrac{\Delta\theta_{Fe}}{\Delta t_{Fe}}},\quad c_{Al}=c_{Cu}\frac{m_{Cu}\dfrac{\Delta\theta_{Cu}}{\Delta t_{Cu}}}{m_{Al}\dfrac{\Delta\theta_{Al}}{\Delta t_{Al}}}$$

【分析与思考】

1. 测量三种金属的冷却速率,并在图纸上绘出冷却曲线,如何求出它们在同一温度点的冷却速率?

2. 能否利用本实验中的方法来测量金属在任意温度下的比热容?

第 4 章 综合性实验

4.1 弹性模量的测量

任何物体在外力的作用下都会发生伸缩形变,表征伸缩弹性形变的物理量称为弹性模量。在本实验中,用动态测量法中的共振法来测量铜棒的弹性模量。

【实验目的】

(1) 学会用共振法测定金属材料(铜棒)的弹性模量;
(2) 掌握测试仪器的使用。

【实验仪器】

弹性模量测定仪、铜棒、信号发生器、示波器。

【实验原理】

采用共振法测定弹性模量,如图 4-1-1 所示。

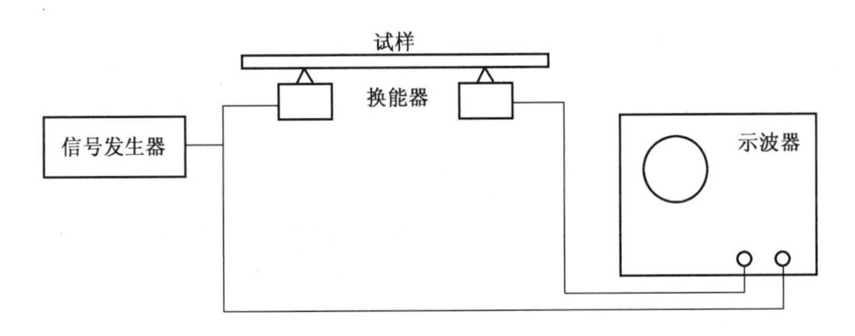

图 4-1-1　共振法测定弹性模量示意图

一根长度为 L、直径为 d 的细铜棒,横振动满足的动力学方程为

$$\frac{\partial^2 \eta}{\partial t^2} + \frac{EI}{\rho S}\frac{\partial^4 \eta}{\partial x^4} = 0 \tag{4-1-1}$$

式中:η 为铜棒 x 处截面沿 z 方向位移;E 为弹性模量;ρ 为材料密度;S 为铜棒的横截面积;I 为某一截面的惯量矩,$I = \iint z^2 \mathrm{d}S$。

对于用支架支撑的杆,如果支撑点是杆的节点,则铜棒的两端处于自由状态,此时边界条件为两端横向作用力 $F=-\frac{\partial M}{\partial x}=-EI\frac{\partial^3\eta}{\partial x^3}$ 和力矩 $M=EI\frac{\partial^2\eta}{\partial x^2}$ 均为零,所以有

$$\left.\frac{\mathrm{d}^3\eta}{\mathrm{d}x^3}\right|_{x=0}=0,\left.\frac{\mathrm{d}^3\eta}{\mathrm{d}x^3}\right|_{x=L}=0,\left.\frac{\mathrm{d}^2\eta}{\mathrm{d}x^2}\right|_{x=0}=0,\left.\frac{\mathrm{d}^2\eta}{\mathrm{d}x^2}\right|_{x=L}=0 \tag{4-1-2}$$

用分离变量法求解微分方程式(4-1-1)并利用边界条件式(4-1-2),可推导出杆自由振动的频率方程为

$$\cos kL\cdot\mathrm{ch}kL=1 \tag{4-1-3}$$

式中:k 为求解过程中引入的系数,其值满足

$$k^4=\frac{\omega^2 S\rho}{EI} \tag{4-1-4}$$

其中:ω 为铜棒的固有频率。

从式(4-1-4)可知,当 ρ、s、E、I 一定时,角频率 ω(或频率 f)是 k 的函数,不同的 k 对应不同的振动频率。k 可由式(4-1-3)求得:

$$k_1L=4.730,k_2L=7.853,k_3L=10.966,k_4L=14.137,\cdots \tag{4-1-5}$$

当取 k_1 时,对应的频率 f_1 为铜棒振动的基频,f_2、f_3、f_4,…分别为铜棒振动的一次谐波频率、二次谐波频率、…。若取铜棒振动的基频,由 $k_1L=4.730$ 及式(4-1-4)可得

$$f_1=\left[\frac{4.730^4 EI}{\rho L^4 S}\right]^{1/2} \tag{4-1-6}$$

直径为 d 的铜棒,惯量距 $I=\frac{\pi d^4}{64}$,代入式(4-1-6)可得

$$E=1.6067\frac{L^3m}{\mathrm{d}^4}f_1^2 \tag{4-1-7}$$

式中:m 为铜棒质量(kg),d 为铜棒直径(m);L 为铜棒长(m)。

式(4-1-7)是本实验所用的计算公式。实际测量时,由于铜棒直径 d 不能远小于铜棒长 L,因此式(4-1-7)应乘修正系数 γ,即

$$E=1.6067\frac{L^3m}{d^4}f_1^2\cdot\gamma \tag{4-1-8}$$

式中:γ 取值可查找表 4-1-1 得到,例如,当 d/L 为 0.02 时,$\gamma=1.002$。

表 4-1-1　修正系数查找表

径长比 d/L	0.02	0.04	0.06	0.08	0.10
修正系数 γ	1.002	1.008	1.019	1.033	1.051

【实验步骤】

(1) 连接线路。

(2) 测量样品的基频。将样品放在换能器上,理论上应置于节点处,即两个支撑点分别置于铜棒左、右两端第八条刻线处。但是,在这种情况下铜棒的振动无法激发。欲激发铜棒的振动,支撑点必须离开节点位置。这样,又与理论条件不一致,势必产生系统误差。故实验上采用下述方法测定铜棒的弯曲振动基频频率:在基频节点处±30mm 范围内同时

改变两悬点位置,每隔 5mm 测一次共振频率,画出共振频率与悬线位置关系曲线,由曲线图可确定节点位置的基频共振频率。铜棒共振频率在 760Hz 左右。

【数据记录与处理】

(1) 根据实验内容要求设计实验表格,L、m、d 值由实验室给出。

(2) 画 $f-x$ 曲线(f 为铜棒的基频共振频率;x 为两悬线位置与棒的两端点的距离),并确定铜棒在节点位置的共振频率,以确定其动态 E 值。

(3) 根据铜棒的 d/L,γ 值可通过查找表 4-1-1 获得。

【分析与思考】

1. 在实验中是否发现假共振峰?是何原因?如何消除?是否有新判据?
2. 试样的固有频率和共振频率有何不同?
3. 支撑时铜棒放置的位置对实验结果有影响,是何原因?

4.2　转动惯量的测量

转动惯量是衡量刚体转动中惯性大小的物理量,它与刚体的体密度、几何形状和转轴位置有关。对于质量分布均匀的物体,可以通过数学方法计算出它绕特定转轴的转动惯量。而外形复杂及质量分布不均匀的物体,常用实验方法测得。转动惯量是研究、设计、控制转动物体运动规律的重要参数。因此,测定物体的转动惯量具有重要的意义。

测量转动惯量的方法很多,如三线扭摆、扭摆和转动惯量仪等。本实验采用的是三线扭摆,其特点是操作简便,较为实用。如机械零件、电动机转子、电扇风叶等零部件的转动惯量都可以用三线扭摆进行测定。

【实验目的】

(1) 掌握三线扭摆测量转动惯量的原理和方法;

(2) 加深对转动惯量的理解。

【实验仪器】

三线扭摆、游标卡尺、秒表、待测圆环。

【实验原理】

如果物体的质量是连续分布的,则转动惯量可表示为

$$J=\int r^2\mathrm{d}m \tag{4-2-1}$$

原则上,任何物体对于已知转轴的转动惯量均可由式(4-2-1)求得。对于形状很规则的物体,如内半径为 R_1、外半径为 R_2、质量为 m 的均匀圆环,对于通过圆心且垂直于圆环平面的转轴的转动惯量,可由下式求得

$$J = \frac{1}{2}m(R_1^2 + R_2^2) = \frac{m}{8}(D_1^2 + D_2^2) \tag{4-2-2}$$

式中：D_1 为环内径；D_2 为环外径。

三线扭摆如图 4-2-1 所示，由三根长度相等的线将上下两个匀质圆盘连接而成。圆盘上的系线点构成等边三角形，下方圆盘可绕其与上圆盘的公共轴线做扭转摆动，同时，下圆盘的重心在扭摆转动中总是沿轴上下振动。

圆盘的摆动周期与其转动惯量的大小有关。设圆盘的质量为 m_0，当它向某一方向转动时，上升的高度为 h，那么圆盘上升时增加的势能为

$$E_p = m_0 g h \tag{4-2-3}$$

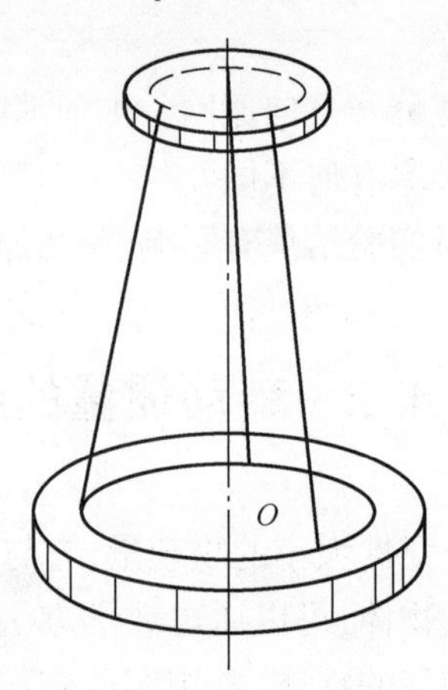

图 4-2-1　三线扭摆

式中：g 为重力加速度。

当圆盘向另一方向转动至平衡位置时，角速度最大，其值为 ω_0，这时圆盘具有的动能为

$$E_k = \frac{1}{2}J_0\omega_0^2 \tag{4-2-4}$$

式中：J_0 为圆盘绕中心轴的转动惯量。

如果忽略摩擦力，由机械能守恒定律可得

$$\frac{1}{2}J_0\omega_0^2 = m_0 g h \tag{4-2-5}$$

可把圆盘的运动看作简谐振动，它的角位移 θ 与时间 t 的关系为

$$\theta = \theta_0 \sin\frac{2\pi}{T_0}t \tag{4-2-6}$$

式中：θ_0 为振幅；T_0 为一个完全摆动的周期。

角速度 ω 是角位移 θ 对时间的一阶导数，可写为

$$\omega = \frac{d\theta}{dt} = \frac{2\pi}{T_0}\theta_0 \cos\frac{2\pi}{T_0}t_0 \tag{4-2-7}$$

经过平衡位置时的最大角速度为

$$\omega_0 = \frac{2\pi}{T_0}\theta_0 \tag{4-2-8}$$

将式(4-2-8)代入式(4-2-5)可得

$$m_0gh = \frac{1}{2}J_0\left(\frac{2\pi}{T_0}\theta_0\right)^2 \tag{4-2-9}$$

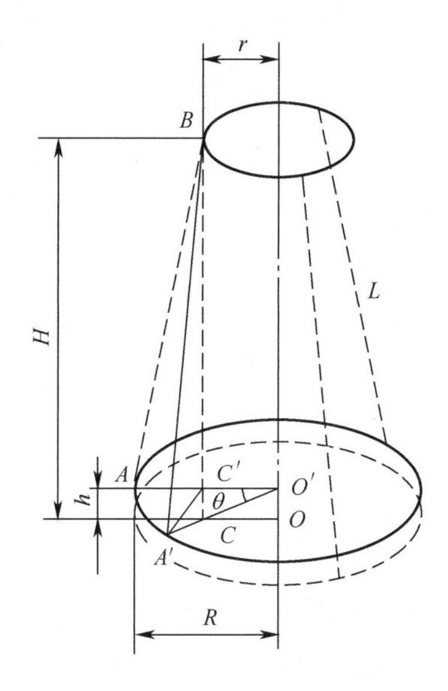

图 4-2-2　三线扭摆原理图

在图 4-2-2 中，H 为上、下两圆盘的垂直距离，r 和 R 分别为上、下圆盘拴点至圆心的距离，则有

$$h = OO' = \frac{Rr\theta_0^2}{2H} \tag{4-2-10}$$

式(4-2-10)的推导过程如下：

由图 4-2-2 可知

$$h = OO' = BC - BC' = \frac{BC^2 - BC'^2}{BC + BC'} \tag{4-2-11}$$

在 $\triangle ABC$ 中，有

$$BC^2 = AB^2 - AC^2 = L^2 - (R - r)^2 \tag{4-2-12}$$

在 $\triangle A'BC'$ 中，有

$$BC'^2 = A'B^2 - A'C'^2 = L^2 - (R^2 + r^2 - 2Rr\cos\theta_0)^2 \tag{4-2-13}$$

故

$$h = \frac{2Rr(1 - \cos\theta_0)}{BC + BC'} = \frac{4Rr\sin^2\dfrac{\theta_0}{2}}{BC + BC'} \tag{4-2-14}$$

在偏转角 θ_0 很小时，θ_0 的正弦可近似等于 θ_0，而上式分母近似等于 $2H$，按此计算可得式(4-2-10)，将式(4-2-10)代入式(4-2-9)可得

$$m_0g\frac{Rr\theta_0^2}{2H} = \frac{1}{2}J_0\left(\frac{2\pi}{T_0}\theta_0\right)^2 \tag{4-2-15}$$

由此可得

$$J_0 = \frac{m_0 gRr}{4\pi^2 H} T_0^2 \tag{4-2-16}$$

如测得周期 T_0,由式(4-2-16)就可算出圆盘的转动惯量 J_0。如在圆盘上放一待测物体,则由式(4-2-16)可得它们的总转动惯量为

$$J = \frac{mgRr}{4\pi^2 H} T^2 \tag{4-2-17}$$

式中:m 为待测物体与圆盘的总质量;T 为它们摆动的周期。

由此可得该物体的转动惯量为

$$J_{物} = J - J_0 \tag{4-2-18}$$

当偏转角很小时,可用 L 近似取代 H,在本实验所用仪器的情况下,用 L 取代式(4-2-10)、式(4-2-16)、式(4-2-17)中的 H,对计算结果所增加的误差,可忽略不计。

【实验内容与步骤】

(1) 调整好扭摆:使三根摆线等长,上、下圆盘对称轴相合,即将扭摆放平,并用米尺测出摆线长度 L。

(2) 从实验卡上查出上、下圆盘悬点半径 R、r 值,并记下圆盘及圆环的质量 m 和 m_0。

(3) 用秒表测量圆盘简谐振动周期 T_0:转动上圆盘,使其转过小于5°的幅度,待其自由振动稳定后开始记录。要测量三次,每次测量圆盘连续摆动100个周期的时间,记下其时间 t_0,则周期 $T_0 = t_0/100$,按式(4-2-16)求出 J_0 及其不确定度。

(4) 将待测圆环放在圆盘上,并使圆环和圆盘的对称轴重合。重新使仪器摆动,再测三次,方法如前,记下100个周期的时间 t,再计算出 $T = t/100$,代入式(4-2-17)算出 J 及其不确定度。

(5) 由式 $J_{物} = J - J_0$,求出圆环转动惯量 $J_{物}$ 及其不确定度。

(6) 用卡尺测出圆环的内外直径 D_1、D_2,各测三次。

(7) 按式(4-2-2)计算出圆环的转动惯量 $J_{理}$ 及其不确定度,与测量结果 $J_{物}$ 比较,并计算相对误差:

$$E = \left|\frac{J_{理} - J_{物}}{J_{理}}\right| \times 100\% \tag{4-2-19}$$

【数据记录与处理】

数据记录在表4-2-1中。

表4-2-1 数据记录表

t_0/s	1	2	3	平均值
t/s	1	2	3	平均值
D_1/cm	1	2	3	平均值

(续)

D_2/cm	1	2	3	平均值

【注意事项】

(1) 在启动圆盘作扭转振动时,必须防止出现其他振动;
(2) 扭动上圆盘使下圆盘摆动时,注意摆角不要过大(<5°);
(3) 测量周期的正确方法应以盘通过平衡位置时开始计数。

【分析与思考】

1. 测摆动周期时,每次都测出连续摆动 50 个周期以上的总时间,这是采用了哪种常用的实验方法?对本实验有什么好处?

2. 能否用三线扭摆测量非规则刚体的转动惯量?如果可行,该如何操作?

4.3　液体表面张力系数的测定

液体总有使其表面收缩的趋势,把这种沿着液体表面,使液体表面收缩的这种力称为液体表面张力。液体表面张力系数可以解释液体很多特有的现象,如毛细现象等。液体表面张力系数的测量方法有最大泡压法,毛细管法等。本实验采用焦利氏秤法,此方法比较直观,可用仪器直接测量表面张力。

【实验目的】

(1) 学会使用焦利氏秤;
(2) 掌握用拉托法测量液体表面张力系数的方法。

【实验仪器】

焦利氏秤(如图 4 3 1)、砝码、烧杯、镊子、纯净水、游标卡尺等。

【实验原理】

1. 液体表面张力

液体分子之间存在相互作用力,液体表面分子与液体内部分子所处的环境不相同。液体表面层的分子所受到的力是指向液体内部的,因此液体表面的分子都有挤向内部的趋势,液体表面有收缩的倾向。假设液体表面上有一长为 l 的直线,直线两侧液面会有相互作用力,即表面张力 f,其方向与 l 垂直,大小为

$$f = al \tag{4-3-1}$$

式中:α 为液体表面张力系数(N/m),表示单位长度直线两旁液面相互作用的拉力,是表

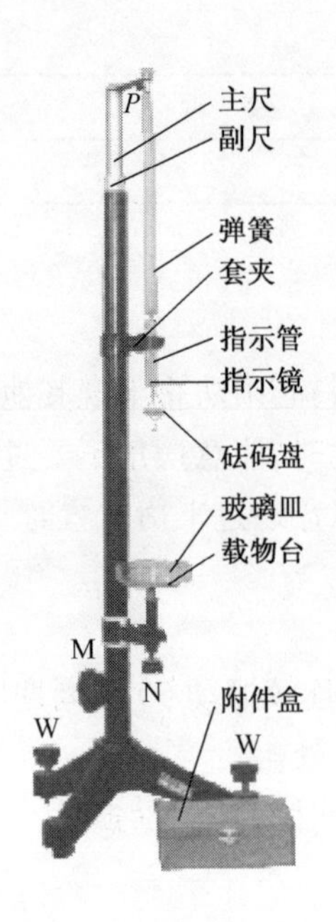

图 4-3-1　焦利氏秤结构图

征液体表面层性质的力学状态参量。

影响表面张力系数的因素如下：

(1) 与液体有关，密度越小，液体表面张力系数越小；

(2) 与温度有关，温度越大，液体表面张力系数越小；

(3) 与相邻物质的性质有关；

(4) 与液体中杂质有关。

2. 液体表面张力系数的测量原理

将一表面洁净，长为 L、宽为 d 的金属片（或金属丝）浸入水中，然后慢慢提起，则金属片附近的液面在拉力作用下会形成一张水膜，当拉起的水膜处于即将破裂或刚好破裂的状态时，有

$$F = mg + f \tag{4-3-2}$$

式中：F 为提起金属片时的拉力；mg 为水膜及金属片的重量；f 为液体的表面张力。

由于表面张力与接触面的周长成正比，有

$$f = 2\alpha(l + d) \tag{4-3-3}$$

将式(4-3-3)代入式(4-3-2)可得

$$\alpha = \frac{F - mg}{2(l + d)} \tag{4-3-4}$$

本实验用金属圆环代替金属片，则有

$$\alpha = \frac{F - mg}{\pi(d_1 + d_2)} \tag{4-3-5}$$

式中：d_1、d_2 分别为圆环的内外直径。

将式(4-3-2)代入式(4-3-5)可得

$$\alpha=\frac{f}{\pi(d_1+d_2)} \tag{4-3-6}$$

即为液体表面张力系数。而 $f=k\Delta x'$,其中 $\Delta x'$ 为弹簧发生的形变。

由以上讨论可知,要测量表面张力系数 α,只要测出圆环的内外直径 d_1、d_2,弹簧的弹性系数 k 以及液膜破裂的瞬间由于表面张力引起的弹簧伸长量 $\Delta x'$ 即可。

【实验内容与步骤】

1. 测弹簧的劲度系数

(1) 调节仪器铅直,使"三线重合",保证指示镜在整个测量过程中自由悬于指示管中。

(2) 利用逐差法计算弹簧弹性系数。

将1.0g砝码加入砝码盘中,每加1.0g砝码,调整一次,使三线重合,分别记下 $L_0, L_1, L_2, \cdots, L_5$。再减少砝码,每减少1.0g砝码,调整一次,使三线重合,分别记下各次读数,将所记数据填入表4-3-2中。

2. 测定液体的表面张力系数

(1) 用卡尺测出金属圆环的 d_1、d_2。

(2) 取纯净水放入干燥洁净的烧杯,放于平台上。

(3) 用酒精擦干净金属圆环,去除杂质。

(4) 随时保持三线重合,记录初始游标上的读数,测量水膜将要破裂瞬间游标上的读数。

(5) 重复上述步骤,将所测量的数值代入表达式,求出表面张力系数。

【数据记录与处理】

(1) 金属环内、外直径的测量,数据记录在表4-3-1中。

表4-3-1 金属环内、外直径的记录表

	1	2	3	平均值
d_1				
d_2				

(2) 用逐差法计算弹簧的弹性系数 k。

表4-3-2 弹簧弹性系数数据处理计算表

砝码质量/g	增重读数/mm	减重读数/mm	平均数 $\overline{L_i}$/mm	$(\overline{L_{i+3}}-\overline{L_i})$/mm
0				
1				
2				

（续）

砝码质量/g	增重读数/mm	减重读数/mm	平均数 $\bar{L}_i$/mm	$(\overline{L_{i+3}} - \bar{L}_i)$ /mm
3				无
4				
5				

(3) 计算液体表面张力系数,数据记录在表 4-3-3 中。

表 4-3-3　液体表面张力系数数据处理计算表

次数	初始位置 x_0/mm	水膜破裂时读数 x_i /mm	$\Delta x = x_i - x_0$ /mm	$\overline{\Delta x}$ /mm
1				
2				
3				
4				
5				

【注意事项】

(1) 指示镜在整个测量过程中都自由悬于指示管中央;
(2) 实验过程中要保证“三线对齐”;
(3) 在拉动过程中,要尽量缓慢,防止弹簧振动过大。

【分析与思考】

1. 表面张力系数与哪些因素有关,如何提高测量的精确度?
2. 在进行实验前,为什么要将仪器调节铅直?

4.4　空气中声速的测量

在弹性介质中,声波是指频率从 20Hz~20kHz 的振动所激起的机械波,低于 20Hz 称为次声波,高 20kHz 称为超声波。超声波的传播速度即为声波的传播速度。声速的测量在声波定位、探伤、测距中有着广泛的应用。

【实验目的】

(1) 了解超声波的产生,发射和接收方法;
(2) 用共振干涉法和相位比较法测量声速;
(3) 进一步熟悉示波器的使用。

【实验仪器】

超 SW-B 超声速测定仪、DCY-3A 功率信号发生器。

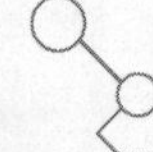

【实验原理】

1. 空气中的声速

声速是声波在弹性介质中的传播速度，其大小仅取决于介质的性质，而与声波的频率无关，声波在空气中的传播速度可表示为

$$v = \sqrt{\frac{\gamma RT}{M}} \tag{4-4-1}$$

式中：γ 为比热容比；R 为摩尔气体常数；M 为气体摩尔质量；T 为热力学温度。

由式(4-4-1)可见，温度是影响空气中声速的主要因素。如果忽略空气中的水蒸气和其他夹杂物的影响，在 0℃时的声速为

$$v_0 = \sqrt{\frac{\gamma RT}{M}} = 331.5(\mathrm{m/s}) \tag{4-4-2}$$

在温度 t 时的速度为

$$v_t = v_0\sqrt{\frac{273.15 + t}{273.15}} = 331.5\sqrt{1 + \frac{t}{273.15}} \tag{4-4-3}$$

由波动理论知道，波的频率 f，波速 v 和波长 λ 之间关系为

$$v = f\lambda \tag{4-4-4}$$

因此，知道频率和波长，即可求出声波速度。本实验由功率信号发生器直接读出 f，用驻波法和行波法测定 λ 然后由式(4-4-4)求得 v。

2. 压电换能器工作原理

压电换能器是一种多晶结构的压电陶瓷材料，被极化的压电陶瓷具有压电效应。超声波的产生是利用压电陶瓷的逆压电效应使电压变化转变为声压变化，超声波的接收则是利用压电陶瓷的正压电效应使声压变化转变为电压变化。

3. 共振干涉法(驻波法)测量声速

实验装置如图 4-4-1 所示。图中，S_1、S_2 为压电换能器：S_1 接函数信号发生器，作为超声波源；S_2 为接收器，接双踪示波器，且能在接收声波的同时反射部分声波。这样，S_1 发出的超声波和 S_2 反射的超声波在它们之间的区域内因同频率、同振动方向，传播方向相反相干涉而形成驻波，接收换能器 S_2 把接收到的声波转换成正弦电压信号，输入示波器后供观测。

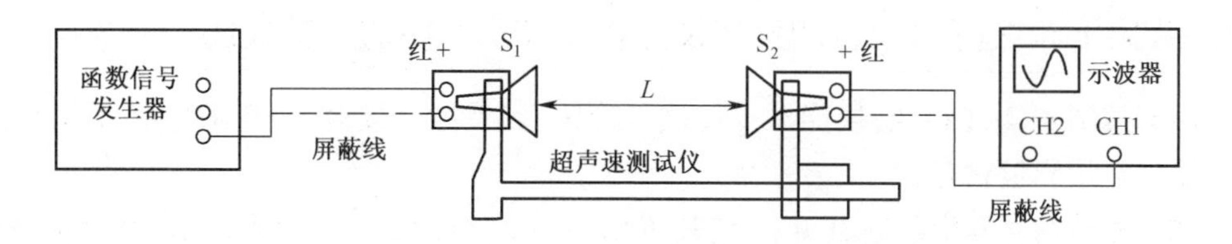

图 4-4-1　共振干涉法测声速

移动 S_2 即改变 L,当 S_2 将经过波腹时,声波信号最强,在示波器上得的信号振幅最大;当 S_2 将经过波节时,在示波器上得到的信号振幅最小(因反射声波(会衰减)振幅小于入射声波振幅,合成后波节振幅不为零)。S_2 将经过一系列波腹、波节的位置,示波器上的信号幅度会周期性变化,任意两个相邻波腹(节)的距离,通过 S_2 的移动的距离由游标卡尺可测得,必满足

$$\Delta L = L_{n+1} - L_n = \lambda/2 \tag{4-4-5}$$

又因为声波频率 f 由函数信号发生器上读得,可得声速为

$$v = \lambda f = 2\Delta f \tag{4-4-6}$$

4. 位相比较法(行波法)测声速

实验装置如图 4-4-2 所示。将函数信号发生器的交变信号输入 S_1 的同时输入示波器的 X 轴(CH1 通道),将 S_2 输出的信号接入示波器的 Y 轴(CH2 通道),则示波器上就会出现李萨如图形。

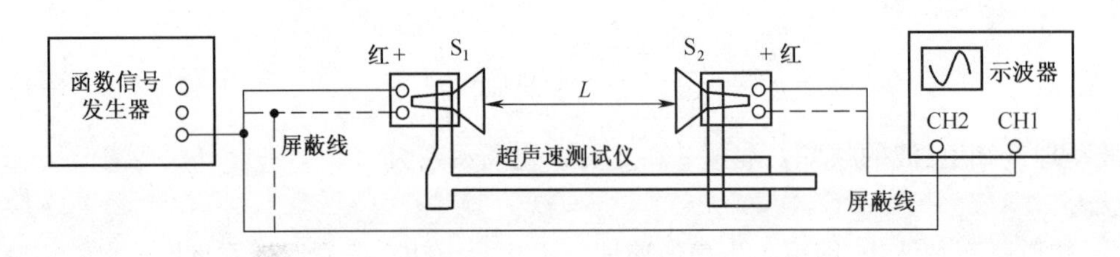

图 4-4-2　位相比较法测声速

当改变 S_1 和 S_2 之间的距离 L,相当于改变了发射波和接收波之间的相位差 $\Delta\varphi$,示波器上图形也随之不断变化。当 S_1 与 S_2 的距离变化 $\Delta L = L_{n+1} - L_n = \lambda/2$,它们之间的相位差 $\Delta\varphi = \pi$,如图 4-4-3 所示。显然,根据李萨如图形的变化情况可测得波长 λ,频率 f 仍由函数信号发生器上读得,由 $v = \lambda f = 2\Delta f$ 即可求得声速。

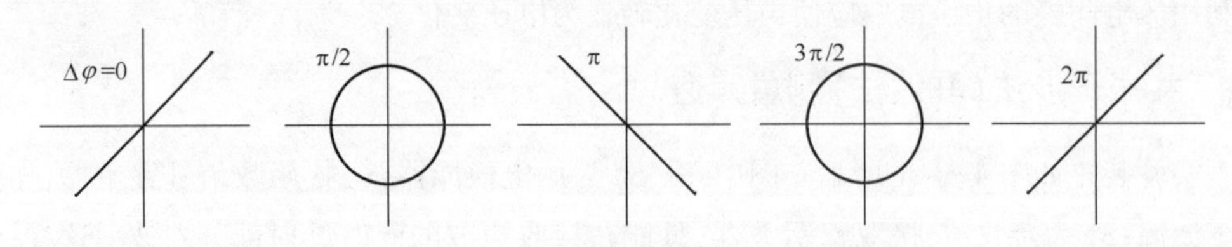

图 4-4-3　李萨如图形及其相位差

【实验内容与步骤】

1. 共振干涉法(驻波法)测声速及超声波在空气中的衰减曲线

(1) 按图 4-4-1 接线,换能器上红插口接信号,黑插口接地;调整函数信号发生器、示波器为定量测量状态。

(2) 调节信号发生器输出频率,使其与 S_1 上标示值(超声声速测试仪的固有频率随温度变化)大致相同,然后微调,直到示波器上幅度最大为止,此时显示的频率读数才是

谐振频率。

（3）调整发射换能器 S_1、S_2 端面与游标卡尺的移动方向相互垂直，调整后拧紧固定 S_1、S_2 的螺丝，以防测量过程中 S_1、S_2 的松动。由近而远改变 S_2 位置，在示波器上观察并记录12个振幅最大值 $A_1, A_2, \cdots A_{12}$ 相对应的12个位置 L_1、L_2、$\cdots$，L_{12}（注意要使用游标微调）。

2. 位相比较法(行波法)测声速

（1）按图4-4-2接线，按下示波器面板“X-Y”键，调节示波器两通道为垂直输入状态，屏幕上观察椭圆或斜直线的李萨如图。

（2）由近而远改变 S_2 位置，在示波器上观察并记录12个正、负斜率直线相应的12个位置 $L_1, L_2, \cdots, L_{12}$（注意要使用游标微调）。

【数据记录与处理】

（1）自制表格，记录所有的实验数据。表格的设计要便于用逐差法求相应的差值。

（2）利用逐差法计算出共振干涉法和相位比较法测得的波长平均值。

（3）计算前两种方法测量的速度 ν。

（4）记录实验室室温 t 代入式(4-4-3)，求出空气声速理论值 v_t，与上述实验测量值进行比较，计算百分误差。

【注意事项】

（1）为保证性能稳定，仪器在使用前要预热10min；

（2）信号发生器的信号输出幅度不宜过大，避免仪器过热造成损坏；

（3）螺旋来回转动会产生螺距间隙偏差，测量时应朝一个方向转动测微螺旋，且测量必须是连续的，所以不能跳跃式测量。

【分析与思考】

1. 共振干涉法和相位比较法有何异同？
2. 为什么要在谐振频率下进行声速的测量？如何判断系统是否处于谐振状态？
3. 从斜率为正的直线变到斜率为负的直线过程中，相位改变了多少？

4.5 偏振光的研究

光的干涉及衍射现象无可辩驳地说明了光的波动性质，而光的偏振现象则证实了光的横波性。对于光的偏振现象的研究，不仅使人们对光的传播（反射、折射、吸收和散射）的规律有了新的认识，而且在光学计量、薄膜技术、晶体性质研究等领域有着重要的应用。本实验着重考查将自然光变为线偏振光的偏振现象，加深、巩固有关光的偏振的理论知识，并学会用旋光仪测定糖溶液的旋光率和浓度。

【实验目的】

(1) 观察光的偏振现象,加深偏振的基本概念;
(2) 了解偏振光的产生和检验方法;
(3) 观测布儒斯特角及测定玻璃折射率;
(4) 观测椭圆偏振光和圆偏振光。

【实验仪器】

光学实验导轨、激光功率计、二维可调半导体激光器、偏振片或波片架、显示屏、旋光液池、导轨滑块。偏振实验装置如图 4-5-1 所示。

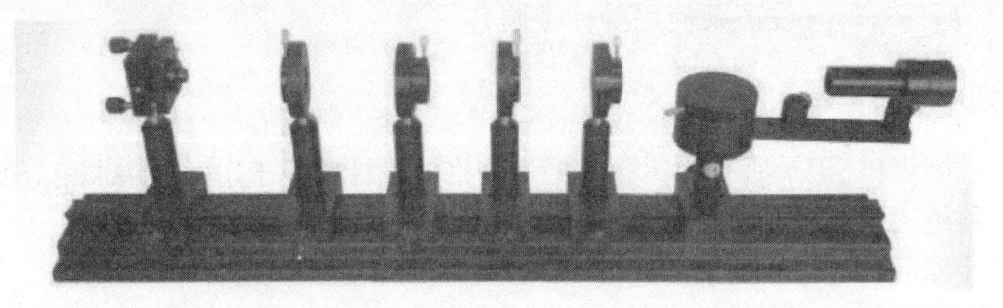

图 4-5-1 偏振实验装置

【实验原理】

按照光的电磁理论,光波就是电磁波,电磁波是横波,所以光波也是横波。因为在大多数情况下,电磁辐射同物质相互作用时,起主要作用的是电场,所以常以电矢量作为光波的振动矢量。其振动方向相对于传播方向的一种空间取向称为偏振,光的这种偏振现象是横波的特征。根据偏振的概念,若电矢量的振动只限于某一确定方向的光,则这样的光称为平面偏振光,也称为线偏振光;若电矢量随时间作有规律的变化,其末端在垂直于传播方向的平面上的轨迹呈椭圆(或圆),则这样的光称为椭圆偏振光(或圆偏振光);若电矢量的取向与大小都随时间做无规则变化,各方向的取向率相同,则称为自然光;若电矢量在某一确定的方向上最强,且各向的电振动无固定相位关系,则这样的光称为部分偏振光。

偏振光的应用遍及于工农业、医学、国防等部门。利用偏振光装置的各种精密仪器,已为科研、工程设计、生产技术的检验等提供了极有价值的方法。

1. 获得偏振光的方法

(1) 非金属镜面的反射,当自然光从空气照射在折射率为 n 的非金属镜面(如玻璃、水等)上,反射光与折射光都将成为部分偏振光。当入射角增大到某一特定值 q 时,镜面反射光成为完全偏振光,其振动面垂直于入射面,这时入射角 φ 称为布儒斯特角,也称为起偏振角。由布儒斯特定律可得

$$\tan\varphi = n \tag{4-5-1}$$

式中:n 为折射率。

（2）多层玻璃片的折射，当自然光以布儒斯特角入射到叠在一起的多层平行玻璃片上时，经过多次反射后透过的光就近似于线偏振光，其振动在入射面内。

（3）晶体双折射产生的寻常光（o 光）和非常光（e 光），均为线偏振光。

（4）用偏振片可以得到一定程度的线偏振光。

2. 偏振光、波长片及其作用

（1）偏振片：利用某些有机化合物晶体的二向色性，将其渗入透明塑料薄膜中，经定向拉制而成。它能吸收某一方向振动的光，而透过与此垂直方向振动的光，由于在应用时目的作用不同而称谓不同，用来产生偏振光的偏振片称为起偏器，用来检验偏振光的偏振片称为检偏器。

按照马吕斯定律，强度为 I_0 的线偏振光通过检偏器后，透射光的强度为

$$I = I_0 \cos^2\theta \tag{4-5-2}$$

式中：θ 为入射偏振光偏振方向与检偏器振轴之间的夹角。

显然，当以光线传播方向为轴转动检偏器时，透射光强度 I 发生周期性变化。当 $\theta = 0°$ 时，透射光强最大；当 $\theta = 90°$ 时，透射光强为极小值（消光状态）；当 $0° < \theta < 90°$ 时，透射光强介于最大和最小值之间。图 4-5-2 为自然光通过起偏器与检偏器的变化。

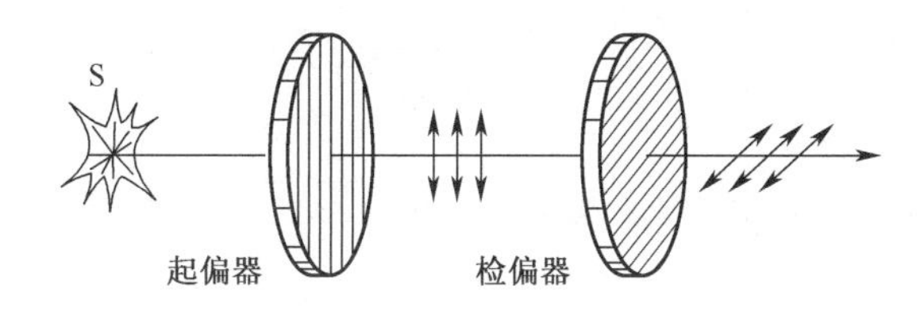

图 4-5-2　偏振片的起偏与检偏

（2）波长片：当线偏振光垂直射至长度为 L，表面平行于自身光轴的单轴晶片时，则寻常光（o 光）和非常光（e 光）沿同一方向前进，但传播的速度不同。这两种偏振光通过晶片后，它们的相位差为

$$\varphi = \frac{2\pi}{\lambda}(n_o - n_e)L \tag{4-5-3}$$

式中：λ 为入射偏振光在真空中的波长；n_o 和 n_e 分别为晶片对 o 光和 e 光的折射率；L 为晶片的厚度。

两个互相垂直的，同频率且有固定相位差的简谐振动，可用下列方程表示（如通过晶片后 o 光和 e 光的振动）：

$$x = A_e \sin\omega t \tag{4-5-4}$$

$$y = A_o \sin(\omega t + \varphi) \tag{4-5-5}$$

从式（4-5-4）和式（5-4-5）中消去 t，经三角运算后得到全振动的方程式为

$$\frac{x^2}{A_e^2} + \frac{y^2}{A_o^2} + \frac{2xy}{A_e A_o}\cos\varphi = \sin^2\varphi \tag{4-5-6}$$

由式（4-5-6）可知

① 当 $\varphi = k\pi\ (k=0,1,2,\cdots)$ 时，为线偏振光。

② 当 $\varphi = \left(k+\dfrac{1}{2}\right)\pi\ (k=0,1,2,\cdots)$ 时，为正椭圆偏振光；在 $A_o = A_e$ 时，为圆偏振光。

③ 当 φ 为其他值时，为椭圆偏振光。

在某一波长的线偏振光垂直入射于晶片的情况下，能使 o 光和 e 光产生相位差 $\varphi = (2k+1)\pi$（相当于光程差为 $\lambda/2$ 的奇数倍）的晶片，称为对应于该单色光的 1/2 波片。与此相似，能使 o 光与 e 光产生相位 $\varphi = \left(2k+\dfrac{1}{2}\right)\pi$（相当于光程差为 1/4 的奇数倍）的晶片，称为 1/4 波片。本实验中所用波片(1/4)是对 632.8nm(He-Ne 激光)而言的。

如图 4-5-3 所示，当振幅为 A 的线偏振光垂直入射到 1/4 波片上，振动方向与波片光轴成 θ 角时，由于 o 光和 e 光的振幅分别为 $A\sin\theta$ 和 $A\cos\theta$，所以通过 1/4 波片后合成的偏振状态也随角度 θ 的变化而不同：当 $\theta=0$ 时，获得振动方向平行于光轴的线偏振光；当 $\theta=\dfrac{\pi}{2}$ 时，获得振动方向垂直于光轴的线偏振光；当 $\theta=\dfrac{\pi}{4}$ 时，$A_e=A_o$ 获得圆偏振光；当 θ 为其他值时，经过 1/4 波片后为椭圆偏振光。

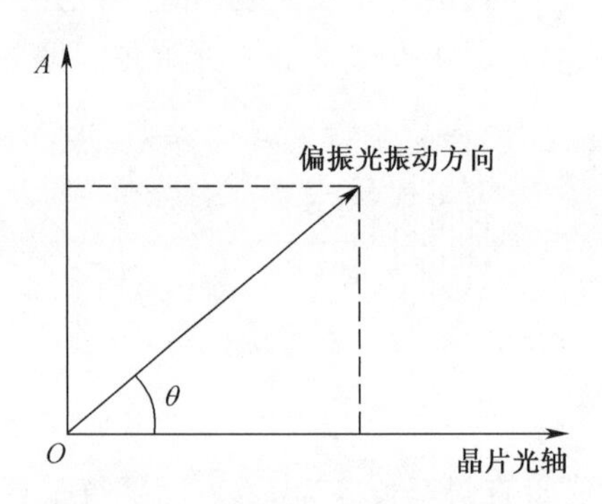

图 4-5-3　偏振光通过波片后的变化

3. 椭圆偏振光的测量

椭圆偏振光的测量包括长、短轴之比及长、短轴方位的测定。如图 4-5-4 所示，当检偏器方位与椭圆长轴的夹角为 θ 时则透射光强为

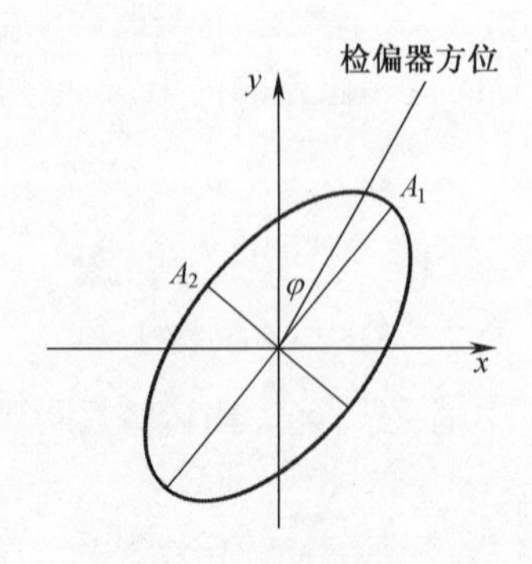

图 4-5-4　椭圆偏振光的测量

$$I = A_1^2 \cos^2\varphi + A_2^2 \sin^2\varphi \tag{4-5-7}$$

当 $\varphi = k\pi$ 时,有

$$I = I_{max} = A_1^2 \tag{4-5-8}$$

当 $\varphi = (2k+1)\frac{\pi}{2}$ 时,有

$$I = I_{min} = A_2^2 \tag{4-5-9}$$

则椭圆长短轴之比为

$$\frac{A_1}{A_2} = \sqrt{\frac{I_{max}}{I_{min}}} \tag{4-5-10}$$

椭圆长轴的方位即为 I_{max} 的方位。

【实验内容与步骤】

1. 起偏与检偏鉴别自然光与偏振光

(1) 在光源至光屏的光路上插入起偏器 P_1,旋转 P_1,观察光屏上光斑强度的变化。

(2) 在起偏器 P_1后面再插入检偏器 P_2,固定 P_2的方位。将 P_2旋转 360°,观察光屏上光斑强度的变化情况,有几个消光方位。

(3) 以硅光电池代替光屏接收 P_2出射的光束,旋转 P_2,每转 10°记录一次相应的光电流值,共转 180°,在坐标纸上作出 $I_o - \cos^2\theta$ 的关系曲线。

2. 观察布儒斯特角及测定玻璃折射率

(1) 在起偏器 P_1后,放入测布儒斯特角装置,再在 P_1和装置之间插入一个带调节玻璃的平板,使反射光束与入射光束重合。记下初始角。

(2) 转动玻璃平板,同时转动起偏器 P_1,使其透过方向在入射面内。反复调节,直到反射光消失为止,此时记下玻璃平板的角度 φ_2,重复测量三次,求平均值,计算出

$$\varphi_0 = \varphi_2 - \varphi_1 \tag{4-5-10}$$

(3) 把玻璃平板固定在布儒斯特角的位置上,去掉起偏器 P_1,在反射光束中插入检偏器 P_2,转动 P_2,观察反射光的偏振状态。

3. 观测椭圆偏振光和圆偏振光

(1) 先使起偏器 P_1和检偏器的偏振轴垂直(检偏器 P_2后的光屏上处于消光态),在起偏器 P_1和检偏器 P_2之间插入 1/4 波片,转动波片使 P_2后的光屏上仍处于消光状态。用硅光电池(及光点检流计组成的光电转换器)取代光屏。

(2) 将起偏器 P_1转过20°角,调节硅光电池使透过 P_2的光全部进入硅光电池的接收孔内。转动检偏器 P_2找出最大和最小光电流的位置,并记下光电流的数值。重复测量三次,求平均值。

(3) 转动 P_1,使 P_1的光轴与 1/4 波片的光轴的夹角依次为30°、45°、60°、75°、90°值,在取上述每一个角度时,都将检偏器 P_2转动一周,观察从 P_2透出光的强度变化。

4. 观察平面偏振光通过 1/2 波长片时的现象

(1) 按图 4-5-5 在光具座上依次放置各元件,使起偏器 P 的振动面为垂直,检偏器 A 的振动面为水平(此时应观察到消光现象)。

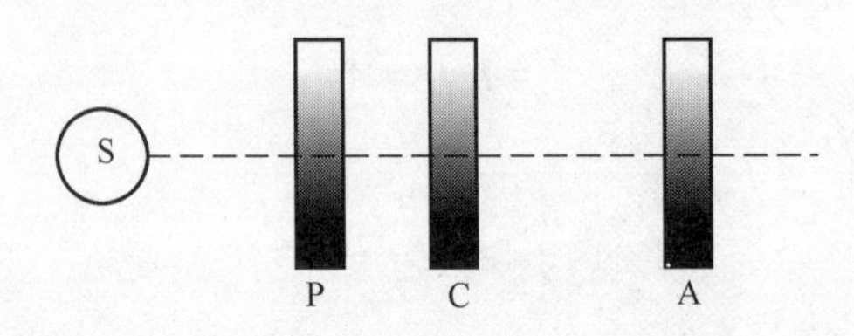

图 4-5-5 偏振光通过 1/2 波片
S—钠光灯;P—起偏器;C—1/2 波片;A—检偏器。

(2) 在 P、A 之间插入 1/2 波片 C,将波片 C 转动360°,能看到几次消光?解释这现象。

(3) 波片 C 转任意角度,这时消光现象被破坏,把检偏器 A 转动360°,观察到什么现象?由此说明通过 1/2 波长片后,光变为怎样的偏振状态?

(4) 仍使起偏器 P,检偏器 A 处于正交,插入波片 C,使消光,再将波片 C 转15°,破坏其消光。转动检偏器 A 至消光位置,并记录检偏器 A 所转动的角度。

(5) 继续将波片 C 转15°(即总转动角为30°),记录检偏器 A 达到消光所转总角度,依次使波片 C 总转角为45°、60°、75°、90°,记录检偏器 A 消光时所转总角度。

【数据处理】

(1) 将数据记录在表 4-5-1。

(2) 在坐标纸上描绘出 $I_p - \cos^2\theta$ 关系曲线。

(3) 求出布儒斯特角,并由式 $\varphi_0 = \varphi_2 - \varphi_1$ 求出平板玻璃的相对折射率 n 。

(4) 由式(4-5-9)求出20°时椭圆偏振光的长、短轴之比。并以理论值为准求出相对误差。

表 4-5-1 实验数据记录表

1/2 波片转动角度	检偏器转动角度	1/2 波片转动角度	检偏器转动角度
15°		30°	
45°		60°	
75°		90°	

【分析与思考】

1. 通过起偏和检偏的观测,应当怎样区别自然光和偏振光?

2. 玻璃平板在布儒斯特角的位置上时,反射光束是什么偏振光?它的振动是在平行于入射面内还居在垂直于入射面内?

3. 当 1/4 波片与 P_1 的夹角为何值时产生圆偏振光?为什么?

4.6 用示波器测软磁材料的磁滞回线

【实验目的】

(1) 学习测量磁滞回线的方法;

(2) 根据磁滞回线确定磁性材料的饱和磁感应强度 B_s、剩磁 B_r 和矫顽力 H_C 的数值。

【实验仪器】

ST16 型示波器、带线圈的锰锌铁氧体圆环(待测样品)、磁滞回线实验仪、交流电源等。

【实验原理】

1. 磁滞性质

铁磁材料除了具有高磁导率外,另一重要的特点就是磁滞。当材料磁化时,磁滞回线如图 4-6-1 所示,磁感应强度 B 不仅与当时的磁场强度 H 有关,而且与以前的磁化状态有关。曲线 OA 表示铁磁材料从没有磁性开始磁化,磁感应强度 B 随 H 增加,称为初始磁化曲线。当 H 增加到某一值 H_s 时,B 的增加极为缓慢,和前段曲线相比可看成 B 不再增加,即达到磁饱和。当磁性材料磁化后,如使 H 减小、B 将不沿原路返回,而是沿另一条曲线 Ar 下降。如果 H 从 H_s 变到 $-H_s$,再从 $-H_s$ 变为 H_s,B 将随 H 变化而形成一条磁滞回线。其中 $H=0$ 时 $B=B_r$,B_r 称为剩余磁感应强度。要使磁感应强度为零,就必须加一反向的磁场强度 $-H_C$,H_C 称为矫顽力。按一般分类,矫顽力小的称为软磁材料,矫顽力大的称为硬磁材料。

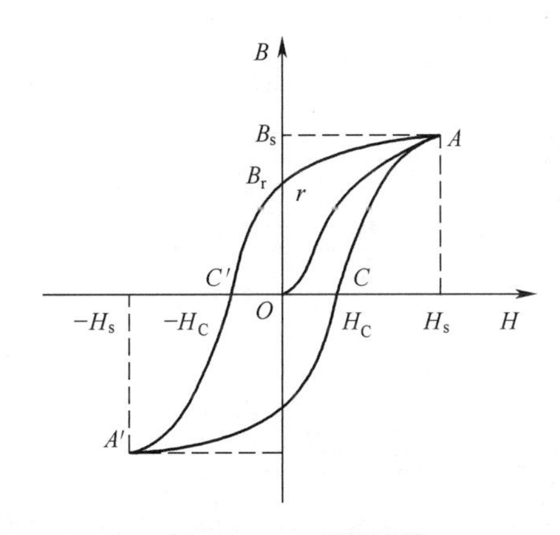

图 4-6-1 磁滞回线

由上可知,要测定材料的磁滞回线,需根据磁化过程测定材料内部的磁场强度 H_r 及其相应的磁感应强度 B。

利用示波器测动态磁滞回线的原理如图 4-6-2 所示。将样品制成闭合的环形,其上

均匀地绕有励磁线圈 N_1 及副线圈 N_2。交流电压 u 加在励磁线圈上，线路中加了一取样电阻 R_1。将 R_1 的电压加在示波器的 x 输入端上，副线圈 N_2 与一电子积分器相连，电子积分器的输出电压 u_c 加在示波器的 y 输入端上。这样的电路能显示和测量磁滞回线，原因如下：

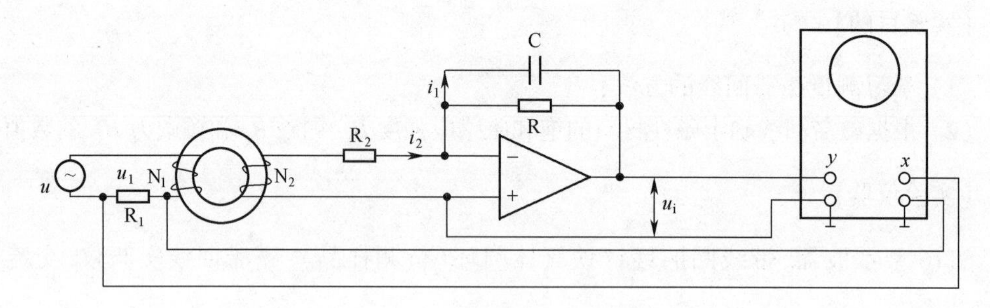

图 4-6-2　动态磁滞回线测量原理图

（1）u_1（x 输入）与磁场强度成正比。设环状样品的平均周长为 l，励磁线圈的匝数为 N_1，励磁电流 i_1（交流电的瞬时值），由安培环路定理有 $Hl = N_1 i_1$，即 $i_1 = Hl/N_1$，而 $u_1 = R_1 i_1$，所以可得

$$u_1 = \frac{R_1 l}{N_1} H \tag{4-6-1}$$

式中：R_1、l 和 N_1 均为常数，可见 u_1 与 H 成正比，它表明示波器荧光屏上电子束在 x 轴方向偏转的大小与样品中的磁场强度成正比。

（2）u_c（y 输入）在一定条件下与磁感应强度成正比。设样品的截面积为 S，由法拉第电磁感应定律，在匝数为 N_2 的副线圈中感应电动势为

$$E_2 = -\frac{\mathrm{d}\psi}{\mathrm{d}t} = -N_2 S \frac{\mathrm{d}B}{\mathrm{d}t} \tag{4-6-2}$$

若副线圈回路中的电流为 i_2，则有

$$E_2 = R_2 i_2 \tag{4-6-3}$$

将关系式

$$i_C = \frac{\mathrm{d}q}{\mathrm{d}t} = C\frac{\mathrm{d}u_C}{\mathrm{d}t} \approx i_2$$

代入式(4-6-3)可得

$$E_2 = R_2 C \frac{\mathrm{d}u_C}{\mathrm{d}t} \tag{4-6-4}$$

将式(4-6-4)与式(4-6-2)比较，不考虑负号（在交流电中负号相当于位相差为 π）时应有

$$N_2 S \frac{\mathrm{d}B}{\mathrm{d}t} = R_2 C \frac{\mathrm{d}u_C}{\mathrm{d}t} \tag{4-6-5}$$

将上式两边对时间积分整理后，可得

$$u_C = \frac{N_2 S}{R_2 C} B \tag{4-6-6}$$

式中：N_2、S、R_2 和 C 为常数，可见 u_C 与 B 成正比，即示波器荧光屏电子束在竖直方向偏转的大小与磁感应强度成正比。

实际测量电路如图4-6-3所示。为了使 R_1 上的电压降 u_1 与流过的电流 i_1 二者的瞬时值成正比(位相相同)，R_1 必须是无电感或电感极小的电阻。为了操作安全和调节方便，在线路中采用了一个隔离降压变压器T以避免后面的电路元件与220V市电直接相连。调节变压器用来调节输入电压以控制励磁电流的大小。

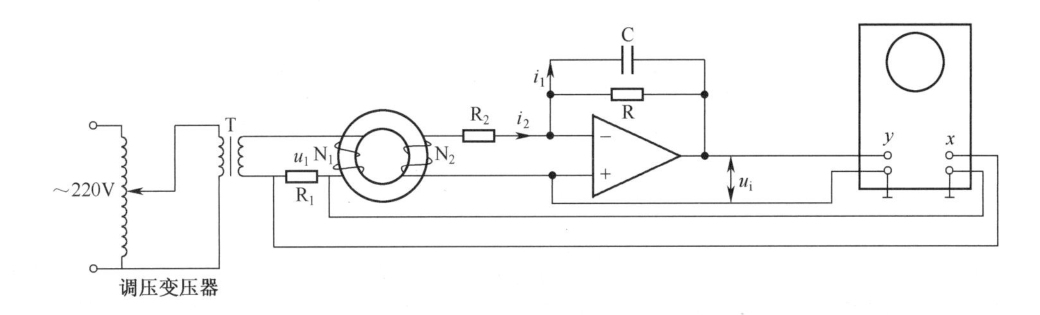

图4-6-3　动态磁滞回线测量原理图

【实验内容与步骤】

1. 显示和观察动态磁滞回线

(1) 按实验仪上所给电路图连接线路，并接上示波器。

(2) 样品退磁：把“u 选择”旋钮从0旋到3V，再从3V旋到0。

(3) 把“u 选择”调到2.2V，调节示波器 x 和 y 轴的灵敏度，显示合适的磁滞回线。

2. 测量基本磁化曲线

(1) 开机或按“RESET”键后，显示“P”，按功能键，显示待测样品磁化绕组匝数 $N=50$，待测样品平均周长 $l=60$mm(如改写上述参数，可来回操作数位键和数据键，以下相同)，按“确认”显示“1”。

(2) 依次按“功能”键，“确认”键，可输入以下参数：待测样品的横截面积 $S=80\text{mm}^2$，励磁电流的取样电阻 $R=2.50\Omega$，H 和 B 的倍数设定值为3(H 和 B 的实际值为 H 与 B 的显示值分别乘以 10^4 和 10^2)，积分电阻 $R_2=10.0\text{k}\Omega$，积分电容 $C_2=20.0\mu\text{F}$，每周期采取点样数 n，测试信号的频率 f。

(3) 按“功能”，显示“TEST”时，按“确认”将进行自动采样，稍等片刻后出现“GOOD”采样成功，否则显示“BAD”。采样结束后，依次按确认键读出 H 对应的 B 值。

(4) 依次按“功能”和“确认”键读出，矫顽力 H_C、剩磁 B_r、磁滞损消耗 H、B 的最大值 H_m、B_m、H、B 的相位差。

3. 测 u–H 曲线，依次测定 u=0.5，1.0，1.2，…，3.0V 时的 10 组 H_m 和 B_m

【数据记录与处理】

（1）用坐标纸绘制基本的磁化曲线。
（2）用坐标纸绘制 u-H 曲线。

【分析与思考】

1. 铁磁材料的磁化过程是可逆的还是不可逆的？
2. 软磁材料的特点是什么？

4.7 密立根油滴实验

1911 年，物理学家密立根成功地采用油滴法精确地测定了电荷值（基本电量），并且令人信服地揭示了电量的量子本性。密立根油滴实验在近代物理学发展史上具有重要的意义，它为近代电子论的创建提供了直接的实验基础。本实验采用 MOD-5C 型油滴仪测定电子的电荷值，初步了解密立根所用的基本实验方法，借鉴与学习他采用宏观的力学模式揭示微观粒子量子本性的物理构思，以及精湛的实验设计和严谨的科学作风，从而更好地提高我们的实验素质和能力。

【实验目的】

（1）通过对带电油滴在重力场和静电场中运动的测量，验证电荷的不连续性，并测定电荷的电荷值 e；
（2）通过实验过程中，对仪器的调整、油滴的选择、耐心地跟踪和测量以及数据的处理等，培养学生严肃认真和一丝不苟的科学实验方法和态度；
（3）学习和理解密立根利用宏观量测量微观量的巧妙设想和构思。

【实验仪器】

MOD-5C 型密立根油滴仪、喷雾油、喷雾器等。

【实验原理】

测定电荷的电荷值 e，方法是从观察和分析带电油滴在电场中的运动规律入手的。

当油从喷射撕裂进入平行极板时，一般都是带电的。两极板间的电压为 U，两极板之间的距离为 d。设油滴的质量为 m，所带的电量为 q，当油滴喷入带电极板后，油滴将受到电场力和重力的作用，如图 4-7-1 所示。通过调节两极板间的电压 U，可使两力达到平衡，油滴静止地悬浮在电场中并保持平衡，这时两极板电压为 U_n，得到

$$q = \frac{U_n}{d} = mg \tag{4-7-1}$$

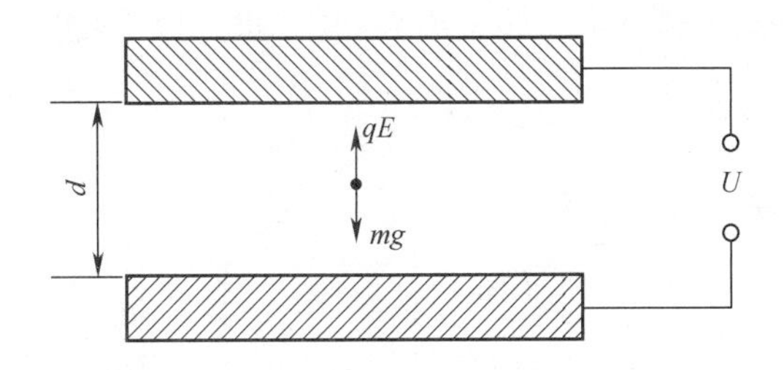

图 4-7-1　油滴在电场和重力场中的受力

由式(4-7-1)知,要想测得油滴的电量 q,除了需要知道 U_n 和 d 外,还需要测量油滴的质量 m,而 m 的数量级在 10^{-18}kg 左右,这么小的质量很难进行直接测量,但可以通过研究油滴在空气中的运动规律来间接测量,即将电场去掉进行研究。

当去掉电场后,油滴在空气中自由下降时受到重力 mg 和黏滞阻力 F_r 作用。由斯托克斯定律知, $F_r = 6\pi\eta r v$, 其中 η 为空气的黏滞系数, v 为油滴下降速度。油滴从喷雾器喷出后一般呈球形,油滴质量为

$$m = \frac{4}{3}\pi r^3 \rho \tag{4-7-2}$$

式中:ρ 为油的密度;r 为油滴的半径。

当油滴的下降速度增大到一定值 v_s 时,重力和阻力将平衡,油滴将匀速下降,此时 $mg = F_r$,即

$$\frac{4}{3}\pi r^3 \rho g = 6\pi r \eta v_s \tag{4-7-3}$$

整理可得

$$r = \sqrt{\frac{9\eta v_s}{2\rho g}} \tag{4-7-4}$$

另一方面需要对黏滞阻力修正,因为油滴极为微小,其 $r \approx 10^{-6}$m,它的直径已与空气分子之间的间隙相当,空气已不能看作连续介质。因此,斯托克斯定律应修正为

$$F_r = \frac{6\pi r \eta v}{1 + \frac{b}{pr}} \tag{4-7-5}$$

式中:p 为大气压强;b 为修正常数。

于是可得油滴质量为

$$m = \frac{4}{3}\pi \rho \left[\frac{9\eta v_s}{2\rho g} \cdot \frac{1}{\left(1 + \frac{b}{pr}\right)} \right]^{\frac{3}{2}} \tag{4-7-6}$$

将式(4-7-6)代入式(4-7-1),可得油滴的电荷量为

$$q = ne = \frac{18\pi}{\sqrt{2\rho g}} \cdot \left[\frac{\eta v_s}{\left(1 + \frac{b}{pr}\right)} \right]^{\frac{3}{2}} \cdot \frac{d}{U_n} \tag{4-7-7}$$

式中：v_s 可通过观测油滴匀速下降一段距离 L 和所用时间 t 来测定，即

$$v_s = \frac{L}{t} \tag{4-7-8}$$

将式(4-7-8)代入式(4-7-7)可得

$$q = ne = \frac{18\pi}{\sqrt{2\rho g}} \cdot \left[\frac{\eta L}{\left(1+\frac{b}{pr}\right)}\right]^{\frac{3}{2}} \cdot \frac{d}{U_n} \tag{4-7-9}$$

式中：$r=\sqrt{9\eta L/2\rho gt}$；$g$ 为重力加速度，$g=9.8\text{m/s}^2$；ρ 为油的密度，$\rho=981\text{kg/m}^3$；η 为空气的黏滞系数，$\eta=1.83\times10^{-5}\text{Pa}\cdot\text{s}$；$b$ 为修正常数，$b=8.21\times10^{-3}\text{m}\cdot\text{Pa}$；$P$ 为大气压强，$p=1.013\times10^5\text{Pa}$；$d$ 为平行极板间距，$d=5.00\times10^{-3}\text{m}$；$L$ 为油滴匀速下降距离，$L=2.00\times10^{-3}\text{m}$。

由式(4-7-9)可知，欲测一滴给定油滴的电荷量，只需测出它的平衡电压 U_n，然后撤去电压，让它在空气中自由下降，并在下降达到匀速后，测出下降距离 L 所用的时间 t 即可。

【实验内容与步骤】

(1) 将仪器放平稳，调节仪器底部左右两只调平螺丝，使水准泡指示水平，这时平行极板处于水平位置。预热 10min，利用预热时间从测量显微镜中观察，如果分划板位置不正，则转动目镜头，将分划板放正，目镜头要插到底。调节目镜，使分划板刻线清晰。

(2) 将油从油雾室旁的喷雾口喷入，微调显微镜的调焦手轮，在监视器荧光屏上出现大量清晰的油滴。观察油滴的运动，如油滴斜向运动，则可转动显微镜上的圆形 CCD，使油滴在垂直方向运动。选择一滴合适的油滴，其静止时平衡电压在 200V 以上，记下此时平衡电压 U_n。选择合适的油滴很重要，因为对于体积大的油滴电量 q 比较多，下降速度比较快，时间不容易测准确。反之，若油滴太小，则布朗运动明显。

(3) 测量油滴匀速下降一段距离 L 所需要的时间 t，通常选择 20s 左右的油滴较为适宜。监视器中间四格是匀速下降的距离，其值为 $L=2.00\times10^{-3}\text{m}$。保持平衡电压不变，利用升降电压开关将油滴移至监视器标尺最高刻度线处，然后将开关拨回到平衡位置，这时油滴仍保持静止。然后去掉平衡电压，即把开关拨向“下降”，测出油滴经过监视器中间四格的时间 t。注意，测完 t 后，应立即加上平衡电压，以免油滴因继续下降而丢失。

(4) 分别选择 3~5 滴油滴进行测量，对同一滴油滴至少测定 6 组 U_n 和 t 值，而且每次测量都要重新调整平衡电压。

【数据记录与处理】

(1) 本实验中用“倒过来验证”的办法进行数据处理，即用公认的电子电荷值 $e=1.602\times10^{-19}\text{C}$ 去除实验测得的电量 q，得到一个接近于某一个整数的值 n，将其取整，这个整数就是油滴所带的基本电荷数，记为 n'，再用这个 n' 去除实验测得的电量 q，所得结果即为电子电荷的实验值 e'。

(2) 数据记录如表 4-7-1 所列，将数据代入式(4-7-9)，公式中的 t 和 U_n 都取平均值，以及求相对误差 $E=(|e-e'|/e)\times100$，%具体表达式为

$$\bar{t} = \frac{t_1 + t_2 + t_3 + t_4 + t_5 + t_6}{6}, \overline{U_n} = \frac{U_1 + U_2 + U_3 + U_4 + U_5 + U_6}{6}$$

表 4-7-1　数据记录表

油滴 \ t_n/s 与 U_n/V	t_1	U_1	t_2	U_2	t_3	U_3	t_4	U_4	t_5	U_5	t_6	U_6
1												
2												
3												

4.8　光电效应法测定普朗克常数

当光照射在金属表面上时,金属表面有电子逸出的现象称为光电效应。在光电效应现象中,光显示出它的粒子性。1905 年爱因斯坦在普朗克量子假说的基础上圆满地解释了光电效应规律。1910 年密立根开始了光电效应的研究,1916 年发表了实验结果,证实了光量子假说和爱因斯坦的光电效应方程,并测定了普朗克常数,1923 年密立根因这项工作获诺贝尔奖。

本实验帮助我们加深理解了光的“量子化”的概念,了解到密立根验证爱因斯坦方程的实验思想,学会了一种测量普朗克常数的方法。

【实验目的】

(1) 能解释爱因斯坦光电效应理论;
(2) 能够阐述光电效应法测定普朗克常数的方法。

【实验仪器】

ZKY-GD-4 型智能光电效应实验仪、汞灯、干涉滤光片(5 片)、光阑(2 个)和测试仪等。

【实验原理】

当光照射在金属表面上时,金属表面有电子逸出的现象称为光电效应。从金属表面逸出的电子称为光电子。根据爱因斯坦提出的光量子假说,对于频率为 ν 的光波,每个光子的能量为

$$E = h\nu \tag{4-8-1}$$

式中:h 为普朗克常数,它的公认值是 $h=6.626\times10^{-34}\text{J}\cdot\text{s}$。

根据爱因斯坦光电效应方程理论,光照射到金属表面时,电子要么不吸收能量,要么吸收一个光子的全部能量 $h\nu$。电子吸收的能量一部分用来克服金属表面对它的束缚,剩下的能量是电子逸出金属表面后的动能。根据能量守恒可得

$$h\nu = \frac{1}{2}mv^2 + W \tag{4-8-2}$$

式中:ν 为入射光的频率;m 为电子的质量;W 为被光线照射的金属材料的逸出功;$\frac{1}{2}mv^2$ 为从金属逸出后电子的最大初动能。

式(4-8-2)称为爱因斯坦光电效应方程。

从式(4-8-2)可知,光的频率越大,逸出电子的动能越大,所以即使阴极不加电压,也会有光电子到达阳极而形成光电流,甚至阳极电位比阴极电位低时,也会有光电子到达阳极形成光电流,直至阳极电位低于某一数值时,所有光电子都不能到达阳极,光电流才为零。这个相对于阴极为负值的阳极电位 U_0 称为截止电压。这时有

$$\frac{1}{2}mv^2 = eU_0 \tag{4-8-3}$$

将式(4-8-3)代入式(4-8-2)可得

$$h\nu = eU_0 + W \tag{4-8-4}$$

由式(4-8-4)可知,只有 $h\nu \geqslant W$ 时才能有光电子逸出,即 $\nu \geqslant W/h$ 。定义 $\nu_0 = W/h$,称为截止频率。不同的材料有不同的逸出功,所以 ν_0 也不同。又因为一个电子只能吸收一个光子的能量,所以光电子获得的能量与光强无光,只与光子频率 ν 有关,将式(4-8-4)改写成 $h\nu = eU_0 + h\nu_0$,故

$$U_0 = \frac{h}{e}(\nu - \nu_0) \tag{4-8-5}$$

式(4-8-5)表明,U_0 与 ν_0 呈线性关系,知道直线的斜率就可以求出 h,由截距可求 ν_0。这正是密立根验证爱因斯坦的实验思想。

【仪器简介】

ZKY-GD-4 型智能光电效应实验仪由汞灯及电源、滤色片、光阑、光电管、智能测试仪构成,仪器结构如图 4-8-1 所示,测试仪的调节面板如图 4-8-2 所示。测试仪有手动和自动两种工作模式,具有数据自动采集、存储、实时显示采集数据, 动态显示采集曲线(连接普通示波器,可同时显示 5 个存储区中存储的曲线),以及采集完成后查询数据的功能。

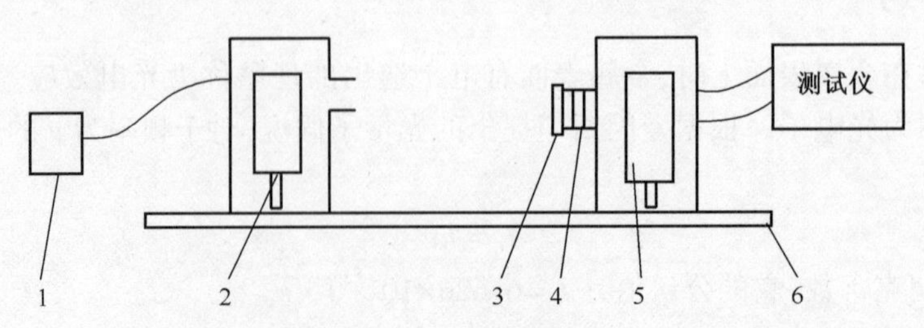

图 4-8-1　仪器结构图

1—灯电源;2—汞灯;3—滤色片;4—元阑;5—光电管;6—基座。

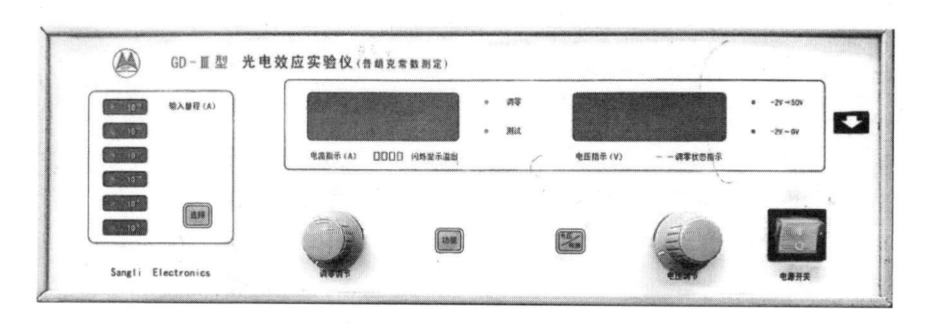

图 4-8-2 测试仪面板图

【实验内容与步骤】

1. 测试前准备

(1) 将光路系统基座平稳放在实验台上,高压汞灯盒插入基座右方定位孔内,光电管暗盒放入基座条形定位槽内,选择所需光阑,装好滤色盘。

(2) 用专用连接线将光电管暗箱电压输入端与测试仪电压输出端(后面板上)连接起来(红-红,黑-黑)。

(3) 用汞灯双头电源连接线,将汞灯电源输出与汞灯电源输入连接起来,切勿接入“220V”交流。实验中将“220V”电源分别接入光电效应试验仪、光路系统基座,打开电源开关,光源射出。汞灯暗箱用遮光盖盖上,预热 20min。

2. 手动方式测普朗克常数

(1) 转动滤色盘选择滤色片,聚光管端口对准所选滤色片。按“选择”键选择量程“10^{-13}”。

(2) 按“电压/转换”键选择“-2V~0V”调节范围。

(3) 按“功能”键至调零状态。

(4) 调节“调零调节”旋钮,使“电流指示(A)”窗口为“000.00”。

(5) 再按“功能”键使仪器进入测试状态,电流指示表显示有数值。

(6) 顺时针调节“电压调节”旋钮,直到电流指示表显示为“000.00”,记录截止电压 U_0 值,并记入表 4-8-1 中。

表 4-8-1 U_{0i}-ν_i 关系实验数据记录表

波长 λ_i/nm	365.0	404.7	435.8	546.1	577.0
频率 ν_i/($\times 10^{14}$ Hz)	8.214	7.408	6.879	5.490	5.196
截止电压 U_{0i}/V					

(7) 转动滤色盘,依次选择滤色片,重复以上步骤。

【数据记录与处理】

(1) 由所 $U_{0i}-\nu_i$ 关系实验数据记录表的实验数据在坐标纸上作图 $U_{0i}-\nu_i$,求斜率 k。

(2) 用 $h=ek$ 求出普朗克常数,并与 h 的公认值 h_0 比较,求出相对误差 $E=(|h-h_0|/h_0)\times100\%$,其中 $e=1.602\times10^{-19}\text{C}$,$h_0=6.626\times10^{-34}\text{J}\cdot\text{s}$。

【分析与思考】

1. 爱因斯坦公式的内容是怎样的?它的物理意义是什么?
2. 本实验是如何找出不同频率入射光的截止电压的?又是如何测定普朗克常数的?

4.9 电磁感应与磁悬浮

1831 年,英国科学家法拉第发现了电磁感应现象。法拉第从实验中发现,当通过一闭合回路所包围的面积的磁通量发生变化时,回路中就产生电流,这种电流称为感应电流。电磁感应定律在生活中的应用非常广泛。磁悬浮是以电磁感应定律为基础的,当金属放在高频电磁场中时,在金属表面会产生涡流,从而实现对金属的悬浮。

【实验目的】

(1) 学会使用电磁感应与磁悬浮综合实验仪;

(2) 能够找出磁牵引力、磁悬浮力及轴承转速与发动机转速之间的规律,并利用所测数据拟合出相应的经验公式。

【实验仪器】

电磁感应与磁悬浮综合实验仪(图 4-9-1)。

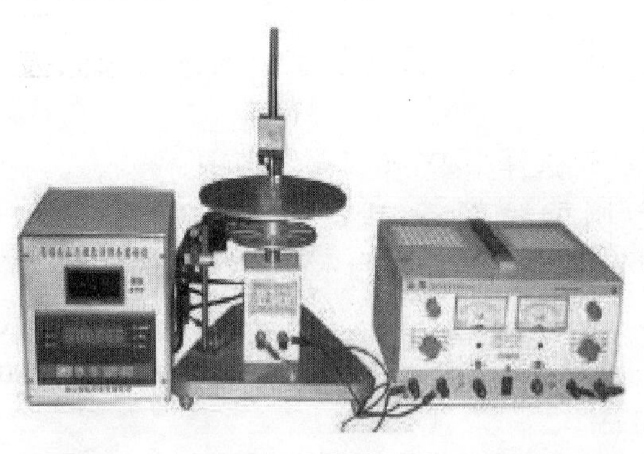

图 4-9-1　电磁感应与磁悬浮综合实验仪实物图

【实验原理】

1. 电磁感应定律

当穿过闭合回路的磁通量发生变化时,不管是由什么原因引起的,回路中都会产生感应电动势,其大小等于磁通量对时间变化率的负值,即

$$\varepsilon_i=-\frac{\mathrm{d}\Phi}{\mathrm{d}t} \tag{4-9-1}$$

式中：ε_i 为感应电动势(V)；Φ 为穿过闭合回路的磁通量(Wb)。

若回路由 N 匝线圈组成，则式(4-9-1)可写为

$$\varepsilon_i = -N\frac{\mathrm{d}\Phi}{\mathrm{d}t} = -\frac{\mathrm{d}(N\Phi)}{\mathrm{d}t} = -\frac{\mathrm{d}\Psi}{\mathrm{d}t} \tag{4-9-2}$$

式中：$\Psi = N\Phi$，称为磁链。

2. 楞次定律

可以利用楞次定律判断回路中感应电动势的方向。当穿过导体闭合回路的磁通量发生变化时，回路中会有感应电流，感应电流总是使自己激发的磁场阻碍原磁通量的变化，这个规律就是楞次定律。

在本实验中，矩形永磁体在其周围会激发稳恒磁场，当金属铝盘转动时，切割磁感线运动，从而金属铝盘与永磁体之间会有电磁相互作用力，垂直铝盘竖直方向上会产生“磁悬浮力”，沿铝盘切线方向上会产生“磁牵引力”。实验中，可以用步进电动机控制器来控制脉冲频率，从而控制电动机的转速：

$$\omega = \frac{f \times 1.8}{16 \times 360} \times 2\pi = \frac{\pi}{1600}f \tag{4-9-3}$$

式中：f 为脉冲频率；ω 为电动机的角速度，$\omega = 2\pi n$。

【实验内容与步骤】

1. 磁牵引力的测量

(1) 调节仪器，磁铁与铝盘两层垫片的距离，磁力显示归零；

(2) 脉冲频率从最小开始，逐级增大到最大为止，测量铝盘不同转速下磁牵引力的大小，每个频率测量三组数据，并记录下来；

(3) 由以上数据拟合得到电动机频率与牵引力符合的函数。

2. 磁悬浮力的测量

(1) 重新装配力传感器和永磁体；

(2) 脉冲频率从最小开始，逐级增大到最大为止，测量铝盘不同转速下磁悬浮力的大小，每个频率测量三组数据，并记录下来；

(3) 由以上数据拟合得到电动机频率与磁悬浮力符合的函数。

3. 铝盘不同转速对轴承转速的影响的测量

(1) 脉冲频率从最小开始，到最大频率为止，测量铝盘不同转速对轴承转速的影响，轴承转速可由转速窗口读出，每个频率测量三组数据，并记录下来；

(2) 由以上数据拟合得到两者符合的函数。

【数据记录与处理】

(1) 铝盘不同转速与磁牵引力的关系,数据记录在表4-9-1中。

表4-9-1 铝盘不同转速与磁牵引力的关系记录表

电动机频率/kHz	20	21	22	23	24	25	26	27	28	29	30	31	32
牵引力1/N													
牵引力2/N													
牵引力3/N													
牵引力平均值													

(2) 铝盘不同转速与磁悬浮力的关系,数据记录在表4-9-2中。

表4-9-2 铝盘不同转速与磁悬浮力的关系记录表

电动机频率/kHz	20	21	22	23	24	25	26	27	28	29	30	31	32
悬浮力1/N													
悬浮力2/N													
悬浮力3/N													
悬浮力平均值													

(3) 铝盘不同转速与轴承转速的关系,数据记录在表4-9-3中。

表4-9-3 铝盘不同转速与轴承转速的关系记录表

电动机频率/kHz	20	21	22	23	24	25	26	27	28	29	30	31	32
转速1													
转速2													
转速3													
转速平均值													

【注意事项】

(1) 检查磁铁和铝盘是否有摩擦;
(2) 轴承附带的磁铁不要取下;
(3) 实验结束,整理仪器后方可离开。

【分析与思考】

1. 产生磁悬浮的方式有哪几种?
2. 转速与磁牵引力有什么关系?
3. 转速与磁悬浮力有什么关系?

4.10　用电子式冲击电流计测互感

【实验目的】

(1) 掌握冲击电流计测互感的方法;
(2) 了解冲击电流计的使用方法。

【实验仪器】

冲击电流计、标准互感、待测互感、直流毫安表、滑线变阻器、单刀双闸开关、直流稳压电源、若干导线。

【实验原理】

1. 冲击电流计

冲击电流计常用于测量电量而不是电流,通过电路的电荷量为

$$q = KN \tag{4-10-1}$$

式中:K 为冲击常数,它是冲击电流计的一个固有参数;N 为冲击电流计显示读数,其量程为(0,2000],当超量程时,显示窗口会显示“L”,此时需要重新调节电路进行测量。

2. 互感原理

如图 4-10-1 所示,L_1 和 L_2 为相邻两线圈,L_1 为原线圈,L_2 为副线圈,当 L_1 中的电流 i 发生变化时,L_2 中将产生感应电动势 E_2,这种现象称为互感现象。电动势 E_2 在数值上和 L_1 中电流变化率成正比,即

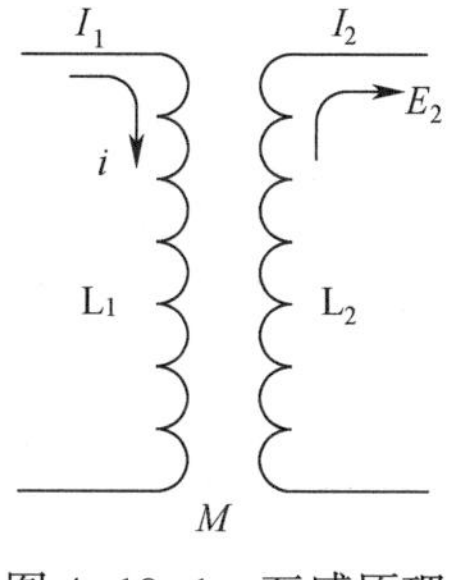

图 4-10-1　互感原理

$$E_2 = M\frac{\mathrm{d}i}{\mathrm{d}t} \tag{4-10-2}$$

式中:M 为互感系数,简称“互感”,它取决于线圈的形状、匝数、相对位置及周围介质的磁导率,当线圈的形状、匝数、相对位置及周围介质的磁导率一定时,M 为常数。

3. 测量原理

如图 4-10-2 所示,M_0 为标准互感,M_x 为待测互感,它们的次级线圈Ⅱ,Ⅱ′和冲击电流计 G 组成一闭合回路,电源 E、滑线变阻器 R 和毫安表组成直流稳流源。

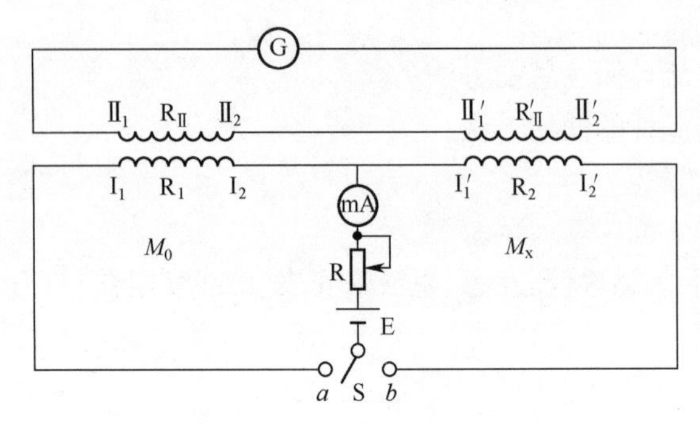

图 4-10-2 测量互感电路

这样,当Ⅰ中的电流 i_0 发生变化时,在次级线圈Ⅱ中将有感应电流 i_2 产生,且有

$$i_2R = M_0\frac{\mathrm{d}i_0}{\mathrm{d}t} \tag{4-10-3}$$

式中:R 为冲击电流计回路中的总电阻,即Ⅱ、Ⅱ′本身电阻及电流计内阻之和。

当开关 S 由 a 断开时,Ⅰ中的电流在时间 τ 内由 i_0 变到 0,则通过Ⅱ回路的电量为

$$q_0 = \int_0^{\tau}\frac{M_0}{R}\frac{\mathrm{d}i_0}{\mathrm{d}t}\mathrm{d}t = \frac{M_0}{R}\int_0^{\tau}\mathrm{d}i_0 \tag{4-10-4}$$

即

$$q_0 = \frac{M_0}{R}I_0 \tag{4-10-5}$$

若此时冲击电流计示数为 N_0,则有

$$q_0 = \frac{M_0I_0}{R} = KN_0 \tag{4-10-6}$$

即

$$K = \frac{M_0I_0}{RN_0} \tag{4-10-7}$$

式中:标准互感 M_0 由仪器给定,i_0 可由毫安表读出,N_0 由冲击电流计测出,利用该式可以测量冲击常数 K。

当开关 S 由 b 断开时,Ⅰ′中的电流由 I_x 变到 0,若此时冲击电流计示数为 N,同理有

$$q_x = \frac{M_xI_x}{R} = KN \tag{4-10-8}$$

则

$$M_x = \frac{KNR}{I_x} = \frac{M_0I_0N}{N_0I_x} \tag{4-10-9}$$

【实验内容与步骤】

(1) 按图 4-10-2 接好线路。

(2) 将开关接向 a,调节滑动变阻器,使电流值为 10mA 左右,使开关断开时冲击电流计尽量达到满值,将冲击电流计复位清零,当等待显示为“P”时,断开开关,记录冲击电流计的示数以及开关断开前毫安表显示的电流 I_0 的值。重复 3 次,计算 K。

(3) 将开关接向 b,调节滑动变阻器,使电流值为 5mA 左右,使冲击电流计尽量达到满值,将冲击电流计复位清零,当等待显示为“P”时,断开开关,记录冲击电流计的示数 N。重复 3 次,计算 M_x。

【数据记录与处理】

(1) $M_0 = 0.01\text{H}$,电源电压不要大于 3V,毫安表量程应选择 20mA,将数据记录表 4 -10-1 中。

表 4-10-1　测量互感实验数据记录表

	N_0	N	M_0	I_0	I
1			0.01	10	5
2					
3					
平均					
σ					

$$M_x = \frac{KNR}{I_x} = \frac{M_0 I_0 N}{N_0 I_x}$$

(2) 计算不确定度 。

$$M_x = \overline{M_x} \pm \sigma_{M_x}$$

$$\left|\frac{\sigma_{M_x}}{M_x}\right| = \sqrt{\left(\frac{\sigma_{M_0}}{M_0}\right)^2 + \left(\frac{\sigma_{I_0}}{I_0}\right)^2 + \left(\frac{\sigma_{N_0}}{N_0}\right)^2 + \left(\frac{\sigma_N}{N}\right)^2 + \left(\frac{\sigma_I}{I}\right)^2}$$

$$\sigma_{M_x} = \left|\frac{\sigma_{M_x}}{\overline{M_x}}\right| \times \overline{M_x}$$

$$\sigma_{M_0} = \Delta_{仪} / \sqrt{3} = 3 \times 10^{-5} / \sqrt{3}$$

$$\sigma_{I_0} = \sigma_I = 量程 \times 最小级别\ \% / \sqrt{3}$$

$$\sigma_N = \sqrt{S_N^2 + U^2}, U = \Delta_{仪} / \sqrt{3} = 10 / \sqrt{3}$$

$$\sigma_{N0} = \sqrt{S_{N_0}^2 + U^2}, U = \Delta_{仪} / \sqrt{3} = 10 / \sqrt{3}$$

【分析与思考】

1. 在本实验中是用开关 S 断开时的情形测量,能否用开关 S 合上时的情形测量?为什么?

2. 冲击常数 K 的实质是什么?

【补充说明】

电子式冲击电流计工作原理

数字冲击电流计是由大规模 CMOS 集成电路、运算放大器及其他电子元器件组成的数字式测量仪表。冲击电流计主要用于测量短时间脉冲所迁移的电量,故可用来测量与此相关的物理量,如电容器的电容量、电感量和磁场的磁感应强度等。

图 4-10-3 为电子积分器的一种原理电路,其中放大器采用场效应管输入型集成运算放大器。理想的集成运算放大器模型,输入电阻为无穷大,开环增益 K(开环增益是指放大器的输出对其输入无作用用时的放大倍数)为无穷大。据此又可推出以下结论:

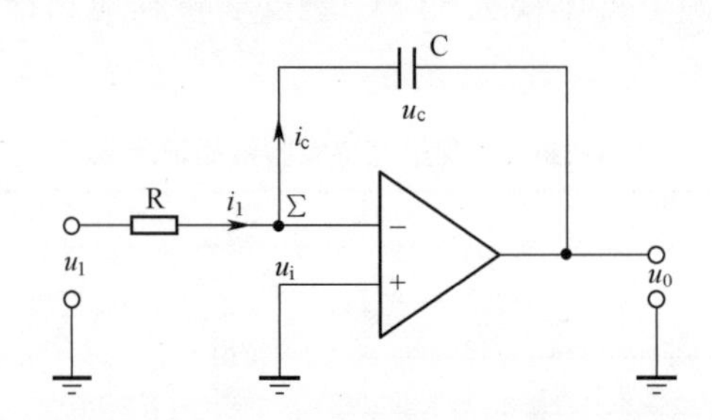

图 4-10-3　电子积分器原理电路

推论一:如图 4-10-3,有

$$i_1 = - i_C \tag{4-10-10}$$

推论二:已知在集成运算放大器的线性工作区内有 $u_o = -Ku_i$,其中 u_i 为放大器的输入电压,u_o 为放大器输出电压,其值为小于电源电压的一个有限值。故当 K 可视为无限大时 u_i 几乎等于零,即图中的"Σ"点几乎与地等电势,因此常称此点为"虚地点"。

由推论二可知,$i_1 = u_1/R$,$u_C = -u_0$,而 $i_C = Cdu_C/dt = -C\mathrm{d}u_o/\mathrm{d}t$,故式(4-10-10)可改写为

$$u_1/R = - C\mathrm{d}u_o/\mathrm{d}t \tag{4-10-11}$$

或

$$\mathrm{d}u_o = - (1/RC)u_1\mathrm{d}t \tag{4-10-12}$$

式(4-10-12)两边积分可得

$$u_o = - \frac{1}{RC}\int_0^{\tau} u_1\mathrm{d}t \tag{4-10-13}$$

可见该电路的输出与输入电压对时间的积分成正比,故称为"积分电路"。一般场效应管输入型集成运算放大器(如 LF353)其输入电阻为 $10^{12}\,\Omega$,其影响完全可忽略不计,但一般集成运算放大器的开环增益 $K \approx 10^5$,其影响往往不能完全忽略,故当 u_1 为一单位阶跃信号时,积分器的输出为

$$u_o = -K(1 - e^{-t/\tau}) \tag{4-10-14}$$

式中:$\tau=(1+K)RC$。

当 $t\ll\tau$ 时,u_o 可以近似表示为

$$u_o = -\frac{Kt}{\tau} + \frac{K(t/\tau)^2}{2} \tag{4-10-15}$$

其中第二项即为积分器的运算误差,采用相对误差表示为

$$E = \frac{\Delta u_o}{u_o} = \frac{t}{2\tau} = \frac{t}{2(1+K)RC} \tag{4-10-16}$$

一般不难做到使其小于0.5%。

集成运算放大器的失调电压和失调电流使积分器很快进入“饱和状态”,以致不能工作。采用人工调零不仅费时,而且很难使其工作稳定。国内外产品多采用自稳零运算放大器,但其仍不能消除被测电路中温差电势等因素对积分造成的不良影响。本实验中所使用的电子式冲击电流计采用单片机来实现自动调零,能同时解决上述问题。

4.11 用冲击电流计测量电容和高电阻

冲击电流计常用于测量电量而不是电流。本实验将通过电量的测量,学习电量与电流、电压、电容、电阻等物理量的关系。通过比较法测量电容以及放电法测量高阻,拓展冲击电流计的应用,丰富电磁学实验的内容。

【实验目的】

(1) 学习电子式冲击电流计的使用方法;
(2) 通过比较法测量电容;
(3) 掌握RC放电法测量高阻的原理,并测量高阻。

【实验仪器】

冲击电流计、标准电容、待测电容、高值电阻、直流电源、放电开关、毫伏表、同步计时秒表。

【实验原理】

电子式冲击电流计原理见实验4.10。

1. 测量冲击常数

给标准电容 C_0 充电达到稳态时,有

$$q_0 = C_0U_0 \tag{4-11-1}$$

冲击电流计放电时,有

$$q_0 = KN_0 \tag{4-11-2}$$

式中:K 为冲击常数;N_0 为冲击电流计读数。

由式(4-11-1)和式(4-11-2)得冲击常数为

$$K = \frac{C_0 U_0}{N_0} \tag{4-11-3}$$

2. 测量电容

$$C = \frac{KN}{U} \tag{4-11-4}$$

3. 测量高电阻原理

高电阻一般是指阻值在 $10^6\Omega$ 以上的电阻,其阻值可用冲击法测量。测量电路如图4-11-1所示。将待测电阻 R_x 与一标准电容 C_0 并联,先对电容充电,使其带电荷量为 q_0,然后将充放电开关 S_2 放在中间位置,电容器将通过高电阻放电,经过一段时间间隔 t 后,电容器上剩余电量为

$$q = q_0 e^{\frac{t}{R_x C_0}} \tag{4-11-5}$$

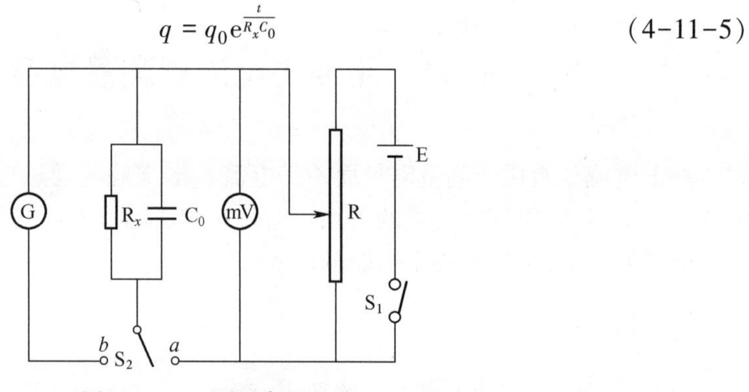

图 4-11-1　测量高阻电路

对式(4-11-5)两边取对数,可得

$$R_x = \frac{t}{C_0 \ln(q_0/q)} \tag{4-11-6}$$

由 $q_0/q=N_0/N$,式(4-11-6)可写为

$$R_x = \frac{t}{C_0 \ln(N_0/N)} \tag{4-11-7}$$

式中:N、N_0 分别为 q、q_0 通过冲击电流计的读数。

将(4-11-7)改写为

$$\ln N = -\frac{t}{R_x C_0} + \ln N_0 \tag{4-11-8}$$

取放电时间按 $\tau=C_0R_x$,使放电时间在 $0\sim\tau$ 间均匀取值,测出对应的 N,作 $\ln N-t$ 图,得到一条直线,其截距 $b_1=\ln N_0$,斜率 $K=-1/R_xC_0$,由 K 和 C_0 值可以计算出高电阻 R_x。

【实验内容与步骤】

1. 测量冲击常数

(1) 按图 4-11-2 接线。

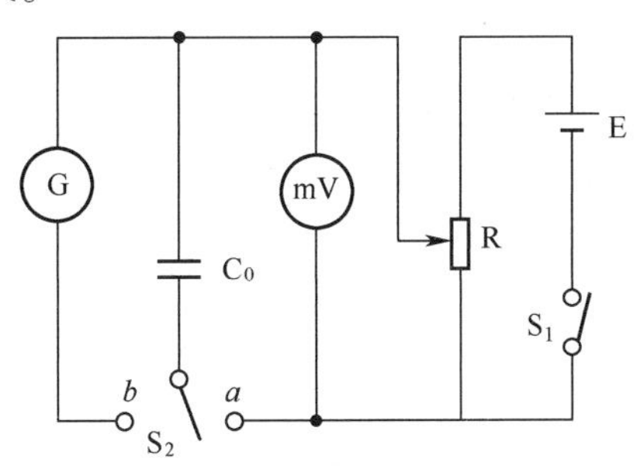

图 4-11-2　测量电容电路

(2) 将 S_2 先接向 a,调节滑动变阻器的滑动端,选择合适的电压 U 值(185~190mV),给电容器充电,大约 1min。然后迅速将 S_2 由 a 掷到 b,电容器对冲击电流计放电(由接 a 接向 b 时,冲击电流计读数接近满偏值),记录电压值和冲击电流计显示的示数,重复测三次。

2. 测量待测电容

用待测电容代替图 4-11-2 中的标准电容 C_0,重复操作 1。

3. 测量高电阻

(1) 按图 4-11-1 接线。

(2) 重复 1 中步骤(2)。

(3) 充电时间约 1min,把开关 a 断开放在中间位置,等待 3min,再把开关合向 b,读出此时冲击电流计的示数。

【数据记录与处理】

(1) 测量冲击常数(其中 $C_0=1\times10^{-6}$F)的实验数据记录在表 4-11-1 中。

表 4-11-1　测量冲击常数实验数据记录表

次数	1	2	3
U_0/mV			
N_0			
$\overline{N_0}$			
$K=CU_0/\overline{N}_0$			

(2) 测量电容的实验数据记录在表 4-11-2 中。

表 4-11-2 测量待测电容实验数据记录表

次数	1	2	3
U/mV			
N			
$\overline{N}$			
$C=KU/\overline{N}$			

(3) 测量高阻的实验数据记录在表 4-11-3 中。

表 4-11-3 测量高阻实验记录表

次数	1	2	3	平均值
N_0				
N				
$\ln(\overline{N}_0/\overline{N})$				
$R_x=t/c_0\ln(\overline{N}_0/\overline{N})$				

(4) 分析引起测量误差的原因并做出完整的实验报告。

【分析与思考】

1. 分析引起测量误差的原因。
2. 将实验中所测的串、并联等值电容值与电容器串、并联公式计算的结果相比较。

4.12 检流计特性

磁电式检流计是非常重要的电学仪器,它是根据载流线圈在磁场中受到力,由于力矩作用而偏转制成的。其灵敏度很高,不仅可以用来检测回路中是否有微弱电流($10^{-6}\sim10^{-10}$A),还可以用来判断电路是否平衡,广泛应用于电桥和电位差计的相关实验中。

【实验目的】

(1) 了解磁电式检流计的结构和工作原理;
(2) 了解检流计的三种运动状态;
(3) 掌握测量检流计临界电阻、电流常数和内阻的方法。

【实验仪器】

AC15 型光标式检流计、固定分压电阻箱、电阻箱、滑线变阻器、电压表、单刀双掷开关、双刀换向开关、压触开关、直流稳压电源。

【实验原理】

1. 磁电式检流计的结构

检流计由如下三部分组成,检流计光路图如 4-12-1 所示。

(1) 磁场部分:由永久磁体产生磁场,圆柱形软铁芯使气隙中磁场呈均匀径向分布,这样保证了动圈中电流的方向与磁场方向总是垂直的。

(2) 偏转部分:气隙中的矩形线圈用金属悬丝悬挂在磁场中,大大减小了摩擦,从而提高了检流计的灵敏度,因此即使是很微弱的电流流过线圈,线圈都能够偏转。

(3) 读数部分:矩形线圈上固定一小镜,能够随线圈一起转动,当光源照射到小镜上时,其反射光束可以在标尺上形成一个光标,用光标来代替指针式电表中的指针,由于光标没有重量,因此这种设计也可以提高检流计的灵敏度。

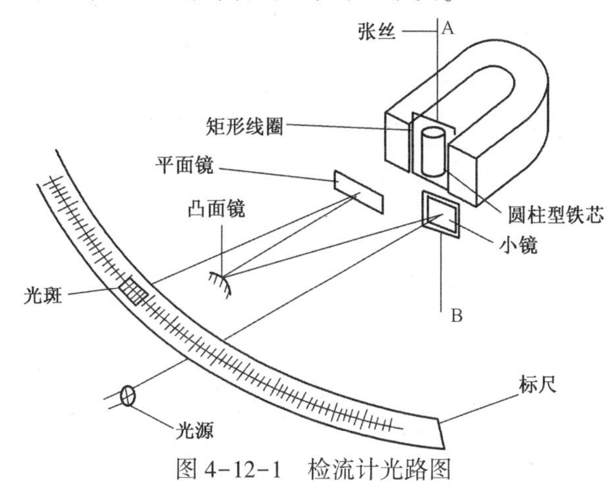

图 4-12-1　检流计光路图

2. 检流计的灵敏度

检流计的读数原理如图 4-12-2 所示。当载流线圈在磁场中受到力矩偏转时会带动

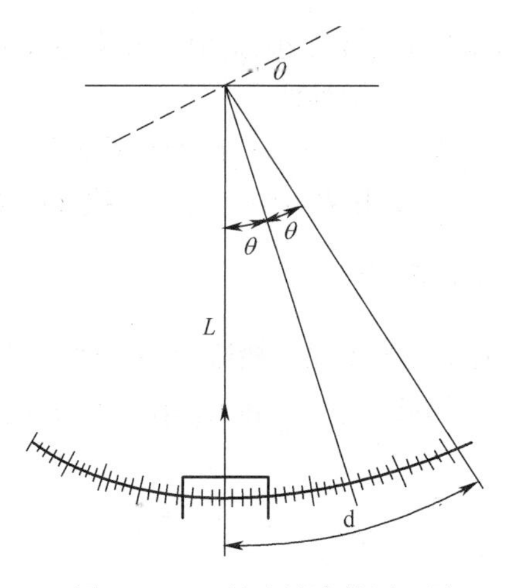

图 4-12-2　检流计读数原理图

小镜旋转，当小镜子转过角度为 θ 时，光标转过的角度为 2θ，光标在标尺上移动的距离 $d=2\theta L$，其中 L 为小镜子到标尺的距离。动圈中电流越大，光标移动的距离越大，两者满足 $I=Kd$（其中，K 为检流计常数，单位为 A/mm），物理意义为光标移动 1mm 流过线圈的电流）。$S=1/K$ 称为检流计的灵敏度，S 越大，检流计越灵敏。

3. 检流计的运动状态

检流计的动圈通电后，会在磁场中受到电磁动力矩，悬丝由于扭转会对动圈产生一个反作用阻力矩，此外还存在电磁阻尼力矩和空气阻尼力矩，空气阻尼力矩很小，可以忽略不计。电磁阻尼力矩是由于动圈中存在感应电流而产生的，其大小与 $R_g+R_{外}$ 的倒数成正比，即 $M \in \frac{1}{R_g+R_{外}}$，其中 $R_{外}$ 为电路的外电阻。

当动圈转动的时候，会在平衡位置来回摆动很久才能稳定，因此需要研究动圈的运动状态，进而控制动圈的运动状态，使线圈可以快速回到平衡位置。

可以通过改变 $R_{外}$ 来改变电磁阻尼力矩 M 大小，从而控制动圈的运动状态。按 M 的大小不同，可分为以下三种不同的运动状态：

（1）欠阻尼状态：当 $R_{外}$ 较小时，M 较大，此时线圈会在平衡位置来回振荡，且振幅逐渐减小。运动曲线如图 4-12-3 中的曲线 1。

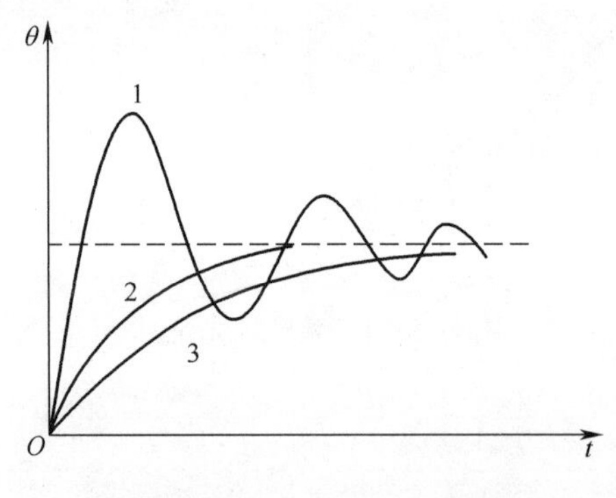

图 4-12-3　检流计的运动状态

（2）过阻尼状态：当 $R_{外}$ 较大时，M 较小，此时线圈会逐渐回到平衡位置，但不会越过平衡振荡。运动曲线如图 4-12-3 中的曲线 3。

（3）临界阻尼状态：当 $R_{外}$ 取合适的值时，线圈会快速回到平衡位置，但不会越过平衡位置振荡，这时所对应的电阻称为临界电阻。运动曲线如图 4-12-3 中的曲线 2。

4. 测量检流计的灵敏度和内阻

测量电路如图 4-12-4 所示。为了保护检流计，采取两次分压的方法，电源电压经过滑线变阻器 R_0 后第一次分压，然后经过 R_2 和 R_3 第二次分压，R_2 的阻值远大于 R_3。由此可得

$$U_{bc} = I_g R_g + I_g R_1^* \tag{4-12-1}$$

而

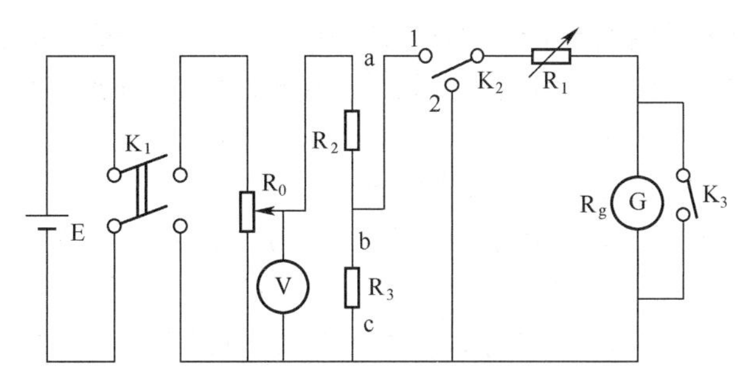

图 4-12-4 测量电路图

$$U_{bc} = U_{ac}\frac{R_{bc}}{R_{bc} + R_2} \tag{4-12-2}$$

$$R_{bc} = \frac{(R_1 + R_g)R_3}{R_1 + R_g + R_3} \tag{4-12-3}$$

又因为 $R_{bc} \ll R_2$，所以式(4-12-2)化简为

$$U_{bc} = U_{ac}\frac{R_{bc}}{R_2} \tag{4-12-4}$$

将式(4-12-3)代入式(4-12-4)，与式(4-12-1)联立，可得

$$U_{ac}\frac{(R_1 + R_g)R_3}{(R_1 + R_g + R_3)R_2} = I_gR_g + I_gR_1 \tag{4-12-5}$$

整理式(4-12-5)可得

$$R_1 = -(R_g + R_3) + U_{ac}\frac{R_3}{R_2I_g} \tag{4-12-6}$$

令

$$A = -(R_g + R_3),B = \frac{R_3}{R_2I_g}$$

则式(4-12-6)改写为

$$R_1 = A + BU_{ac} \tag{4-12-7}$$

式(4-12-7)为直线方程，实验时，保证 R_2、R_3、I_g 不变，测量 n 组(R_1，U_{ac})，求出 A 和 B 后，可得

$$R_g = -(A + R_3),I_g = \frac{R_3}{R_2B} \tag{4-12-8}$$

实验时测出 I_g 不变时，光标偏转的距离 d，则检流计灵敏度为

$$S = \frac{1}{K} = \frac{d}{I_g} = \frac{dR_2B}{R_3} \tag{4-12-9}$$

【实验内容及步骤】

(1) 观测检流计的三种运动状态，并求出检流计的临界阻值。

按图4-12-4连接电路,开关K_2指向1,取$R_3 : R_2 = 1\Omega : 90000\Omega$,调节$R_0$使检流计偏转50格,将开关$K_2$指向2,测量光斑回到平衡位置的时间,逐渐减小$R_1$的值,直到临界阻尼状态。

(2) 求检流计的内阻、灵敏度以及电流常数。

调节R_0使$U_{ac} = 0.5V$,调节R_1,使检流计偏转50格,记录U_{ac}及R_1,增大U_{ac},重复以上步骤,每隔0.1V记录一个数据,直至1.0V。记录完毕后使用最小二乘法计算直线方程的斜率和截距,从而计算检流计的内阻,灵敏度以及电流常数。

【数据记录与处理】

(1) 测量临界电阻的数据记录在表4-12-1中。

表4-12-1　测量临界电阻记录表

R_1/Ω								
时间								
运动状态								

则$R_c =$(　)Ω

(2) 测量检流计的内阻,灵敏度以及电流常数的数据记录在表4-12-2中。

表4-12-2　测量检流计内阻记录表

次数	1	2	3	4	5	6
U_{ac}/V	0.5	0.6	0.7	0.8	0.9	1.0
R_1/Ω						

【注意事项】

(1) 实验过程中,不要随意搬动仪器,也不要碰撞桌子;

(2) 检流计使用完毕后应拨回“短路”挡;

(3) 在使用检流计过程中要注意保护检流计,防止流过检流计的电流过大将检流计烧毁。

【分析与思考】

1. 检流计动圈在磁场中受到哪些力矩?
2. 检流计有哪几种运动状态?每一种运动状态有什么特点?
3. 磁电式检流计与普通电表结构上有哪些区别?

4.13　直线运动与碰撞

物理学家伽利略是第一个对自由落体运动进行定量研究的科学家。为了将匀加速运动与自由落体运动联系起来,他指出物体沿斜面的运动与物体竖直下落的运动具有相似的特征。

动量守恒定律和能量守恒定律在物理学中占有非常重要的地位。力学中的运动定理和守恒定律最初是根据牛顿定律推导出来的,在现代物理学所研究的领域中存在很多牛顿定律不适用的情况,例如高速运动物体或微观领域中粒子的运动规律和相互作用等,但是能量守恒定律仍然有效。

本实验的目的是利用气垫导轨气垫技术精确地测定物体的速度、加速度以及当地的重力加速度,通过物体沿斜面自由下滑运动来研究匀变速运动的规律。研究一维碰撞的三种情况,验证动量守恒和能量守恒定律。定量研究动量损失和能量损失在工程技术中有重要的意义。

【实验目的】

(1) 掌握匀变速运动中速度与加速度的测量;

(2) 研究三种碰撞状态下的守恒定律。

【实验仪器】

气垫导轨、滑片、垫块、物理天平、滑块、挡光片、气垫导轨计时系统。

【实验原理】

1. 平均速度和瞬时速度的测量

做直线运动的物体在 Δt 时间内的位移为 Δs,则物体在时间 Δt 内平均速度为

$$\bar{v} = \frac{\Delta s}{\Delta t} \tag{4-13-1}$$

当 $\Delta t \to 0$ 时,平均速度 $\bar{v}$ 可以看成物体在该点的瞬时速度 v,为

$$v = \lim_{\Delta t \to 0} \frac{\Delta s}{\Delta t} \tag{4-13-2}$$

实际实验中,在误差允许范围内一般用极短时间内的平均速度代替瞬时速度。

2. 匀变速直线运动

匀变速运动方程为

$$v = v_0 + at \tag{4-13-3}$$

$$s = v_0 t + \frac{1}{2}at^2 \tag{4-13-4}$$

$$v^2 = v_0^2 + 2as \tag{4-13-5}$$

由式(4-13-3)知,在斜面上物体从同一位置由静止开始下滑,若测得不同位置处的速度为 $v_1, v_2, v_3, \cdots$,相应的时间为 $t_1, t_2, t_3, \cdots$,以 t 为横坐标、v 为纵坐标作 v-t 图,如果图像是一条直线,证明物体做匀加速直线运动,图线的斜率为加速度 a,截距为 v_0。同样把 $v_1, v_2, v_3, \cdots$ 对应的 $s_1, s_2, s_3, \cdots$ 测出,作 $\frac{s}{t} - t$ 图和 v^2-s 图,若图线是直线,则物体做匀

加速直线运动，斜率分别为$\frac{1}{2}a$和$2a$，截距分别为v_0和v_0^2。

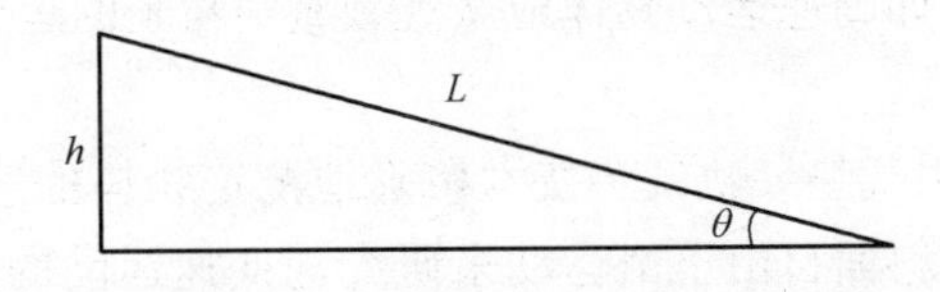

图 4-13-1　导轨垫起的斜面

3. 重力加速度的测定

如图 4-13-1 所示，h为垫块的高度，L为斜面长，滑块沿斜面下滑的加速度为

$$a = g\sin\theta = g\frac{h}{L} \tag{4-13-6}$$

$$g = a\frac{L}{h} \tag{4-13-7}$$

4. 碰撞中守恒定律的研究

如果一个力学系统所受合外力为零或在某方向上的合外力为零，则该力学系统总动量守恒或在某方向上守恒，即

$$\sum m_i v_i = \text{恒量} \tag{4-13-8}$$

实验中用两个质量分别为m_1、m_2的滑块来碰撞(图 4-13-2)，若忽略阻力，根据动量守恒有

$$m_1 v_{10} + m_2 v_{20} = m_1 v_1 + m_2 v_2 \tag{4-13-9}$$

对于完全弹性碰撞，要求两个滑行器的碰撞面有用弹性良好的弹簧组成的缓冲器，可用钢圈作完全弹性碰撞器；对于完全非弹性碰撞，碰撞面可用尼龙搭扣、橡皮泥或油灰；非弹性碰撞一般用金属如合金、铁等。无论哪种碰撞面，必须保证是对心碰撞。

当两滑块在水平的导轨上做对心碰撞时，忽略气流阻力，且不受其他任何水平方向外力的影响，因此这两个滑块组成的力学系统在水平方向动量守恒。由于滑块作一维运动，式(4-13-2)中矢量$\boldsymbol{v}$可改成标量，v的方向由正、负号决定，若与所选取的坐标轴方向相同则取正号，反之，则取负号。

1）完全弹性碰撞

碰撞前后动量守恒，动能守恒，即

$$m_1 v_{10} + m_2 v_{20} = m_1 v_1 + m_2 v_2 \tag{4-13-10}$$

$$\frac{1}{2}m_1 v_{10}^2 + \frac{1}{2}m_2 v_{20}^2 = \frac{1}{2}m_1 v_1^2 + \frac{1}{2}m_2 v_2^2 \tag{4-13-11}$$

由式(4-13-3)和式(4-13-4)可得碰撞后的速度分别为

$$v_1 = \frac{(m_1 - m_2)v_{10} + 2m_2 v_{20}}{m_1 + m_2} \tag{4-13-12}$$

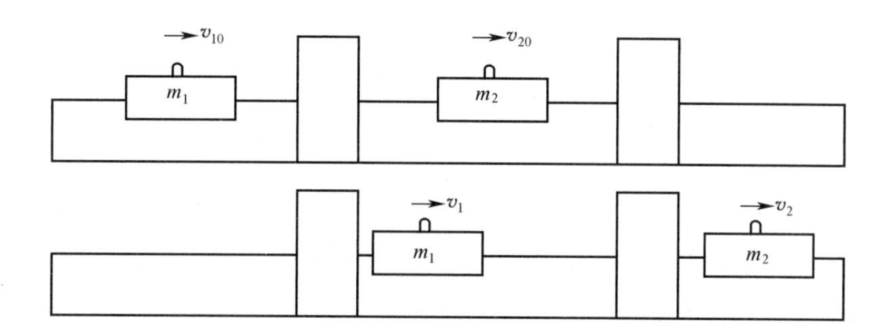

图 4-13-2　碰撞实验图

$$v_2 = \frac{(m_2 - m_1)v_{20} + 2m_1v_{10}}{m_1 + m_2} \tag{4-13-13}$$

如果 $v_{20}=0$ 则有

$$v_1 = \frac{(m_1 - m_2)v_{10}}{m_1 + m_2} \tag{4-13-14}$$

$$v_2 = \frac{2m_1v_{10}}{m_1 + m_2} \tag{4-13-15}$$

动量损失率为

$$\frac{\Delta p}{p_0} = \frac{p_0 - p_1}{p_0} = \frac{m_1v_{10} - (m_1v_1 + m_2v_2)}{m_1v_{10}} \tag{4-13-16}$$

能量损失率为

$$\frac{\Delta E}{E_0} = \frac{E_0 - E_1}{E_0} = \frac{\frac{1}{2}m_1v_{10}^2 - \left(\frac{1}{2}m_1v_1^2 + \frac{1}{2}m_2v_2^2\right)}{\frac{1}{2}m_1v_{10}^2} \tag{4-13-17}$$

理论上,动量损失和能量损失都为零,在实验中,由于空气阻力和气垫导轨本身的原因,不可能完全为零,但在一定误差范围内可以认为是守恒的。

2）完全非弹性碰撞

碰撞后,两滑块粘在一起以同一速度运动,即为完全非弹性碰撞。在完全非弹性碰撞中,系统动量守恒,动能不守恒。动量守恒可由下式表示:

$$m_1v_{10} + m_2v_{20} = (m_1 + m_2)v \tag{4-13-18}$$

在实验中,令 $v_{20}=0$,则有

$$m_1v_{10} = (m_1 + m_2)v \tag{4-13-19}$$

$$v = \frac{m_1v_{10}}{m_1 + m_2} \tag{4-13-20}$$

动量损失率为

$$\frac{\Delta p}{p_0} = 1 - \frac{(m_1 + m_2)v}{m_1v_{10}} \tag{4-13-21}$$

能量损失率为

$$\frac{\Delta E}{E_0}=\frac{m_2}{m_1+m_2} \tag{4-13-22}$$

3）一般碰撞

一般情况下，碰撞后，一部分机械能将转变为其他形式的能量，机械能守恒在此情况已不适用。牛顿总结实验结果并提出碰撞定律：碰撞后两物体的分离速度 v_2-v_1 与碰撞前两物体的接近速度成正比，比值称为恢复系数，即

$$e=\frac{v_2-v_1}{v_{10}-v_{20}} \tag{4-13-23}$$

恢复系数 e 由碰撞物体的质料决定。e 值由实验测定，一般情况下 $0<e<1$。当 $e=1$ 时，为完全弹性碰撞；当 $e=1$ 时，为完全非弹性碰撞。

【实验内容与步骤】

1. 匀变速运动中速度与加速度的测量

（1）先将气垫导轨调平，再在一端单脚螺丝下置一垫块，使导轨成一斜面。

（2）在滑块上装 U 形挡光片，在导轨上置好光电门，打开计时装置。

（3）使滑块从距光电门 $s=20.0$cm 处自然下滑，做初速度为零的匀加速运动，记下挡光时间 Δt，重复三次。

（4）改变 s，重复上述测量。

（5）测量 Δs、垫块高 h 及斜面长 L。

（6）用坐标纸作 v^2-2s 曲线，求 a，与最小二乘法所得结果进行比较，并计算 g。

2. 研究三种碰撞状态下的守恒定律

（1）取两滑块 m_1、m_2，且 $m_1>m_2$，用物理天平称 m_1、m_2 的质量（包括挡光片）。将两滑块分别装上弹簧钢圈，滑块 m_2 置于两光电门之间（两光电门距离不可太远），使其静止，用 m_1 碰撞 m_2，分别记下 m_1 通过第一个光电门的时间 Δt_{10} 和经过第二个光电门的时间 Δt_1，以及 m_2 通过第二个光电门的时间 Δt_2，重复五次，记录所测数据，数据表格自拟，计算 $\Delta p/p_0$、$\Delta E/E_0$ 和 e。

（2）分别在两滑块上换上尼龙搭扣，重复上述测量和计算。

（3）分别在两滑块上换上金属碰撞器，重复上述测量和计算。

【数据记录与处理】

（1）用坐标纸作匀变速运动中的 v^2-2s 曲线，求 a，与最小二乘法所得结果进行比较，

并计算 g。

（2）计算三种碰撞状态下的 $\Delta p/p_0$、$\Delta E/E_0$ 和 e。

【分析与思考】

1. 气垫导轨调平的判断标准是什么？
2. 气垫未调平对 v、a 的测量结果有何影响？

第5章 设计性实验

5.1 空气折射率的测定

【实验目的】

(1) 了解一种测量气体折射率的方法；
(2) 熟练掌握迈克尔逊干涉仪的自搭方法。

【实验仪器】

He-Ni 激光器、分束镜、两块平面反射镜、密闭式气相室系统、接收屏。

【实验原理】

干涉法测空气折射率主要是利用分振幅的方法得到两束相干光,经过平面反射镜反射后进行干涉,产生干涉条纹,并根据改变光程差的方式使得条纹发生变化,进一步测量气压值。本实验原理利用自组式迈克尔逊干涉仪的原理进行,在其中一光路放进被研究的对象,而另一支光路的条件不变,通过观察干涉条纹的变化规律,可以测到被研究对象的物理特征。具体光路参见实验“迈克尔逊干涉仪”中的光路图。

两束光在折射率不同的介质中通过时,光程差可表示为

$$\delta = 2(n_1L_1 - n_2L_2) \tag{5-1-1}$$

式中:n_1、n_2 分别为路径 L_1 和 L_2 介质的折射率。

设入射光波长为 λ,则

$$\delta = k\lambda(k = 0,1,2,\cdots) \tag{5-1-2}$$

此时产生相长干涉,即在接收屏中心的总光强为极大。假设固定 L_1、L_2 和 n_2 都不变,改变 n_1,由式(5-1-1)和式(5-1-2)可得

$$\Delta n_1 = \frac{\Delta k\lambda}{2L_1} \tag{5-1-3}$$

式中:Δk 为条纹变化数。

可见,测出接收屏上干涉条纹的变化数 Δk,就能测出光路中折射率的微小变化。

实验设备如图5-1-1所示。该设备利用的就是迈克尔逊干涉仪原理,特别之处在没有补偿板,而是在其中的一条光路上放置了长度为 L 的气相室,气相室装置与打气球、气压表相连,气相室内的气压随时可以控制,并且可以准确的读出其压强值。图中T表示

扩束镜，M_1 和 M_2 表示两块平面反射镜，G 表示分束镜，O 表示接收屏。

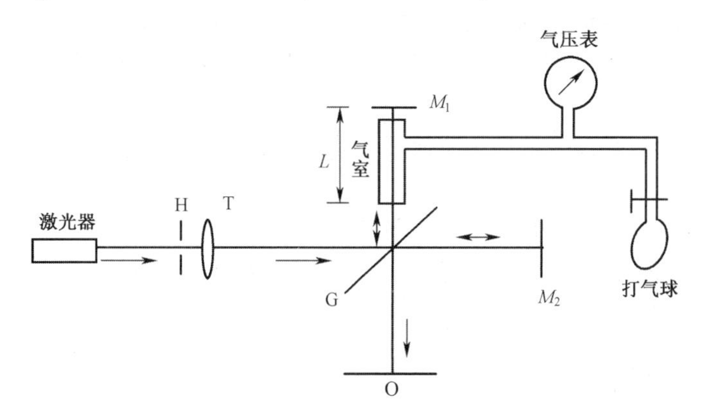

图 5-1-1　空气折射率测定原理图

根据迈克尔逊干涉仪的光路原理图，将光路调好后，可在接收屏上看到明暗相间的干涉条纹。然后利用打气球向气相室内加压，气相室中气压的变化会引起气相室内空气折射率的变化，于是总的光程差也改变，在接收屏上即可观察到干涉条纹的移动。若屏上某一点条纹变化数为 Δk，气室长度为 L，则

$$\Delta n = \frac{\lambda}{2L}\Delta k \tag{5-1-4}$$

由此可见，只要测出 Δk，同时可用气压表测出气相室内的气压变化，即可得到折射率与气压之间的变化规律。

假定气相室从真空态到压强为 p 的状态，如果干涉条纹移动数为 Δk，则有

$$n - 1 = \frac{\lambda}{2L}\Delta k \tag{5-1-5}$$

所以，在一定温度下，$n-1$ 可看成是 p 的线性函数。即从真空态变为压强为 p 的状态时的条纹变化数 Δk 与压强变化关系也是线性函数，因而应有

$$k/p = k_1/p_1 = k_2/p_2 \tag{5-1-6}$$

由此可得

$$k = \frac{k_2 - k_1}{p_2 - p_1}p \tag{5-1-7}$$

即可推出

$$n - 1 = \frac{\lambda}{2L}\frac{k_2 - k_1}{p_2 - p_1}\cdot p_0 = \frac{\lambda}{2L}\frac{\Delta k}{\Delta p}\cdot p_0 \tag{5-1-8}$$

式中：p_0 为被测量的大气压强，$p_0 = (0.95 \pm 0.02) \times 10^5$ Pa；λ 为半导体激光器的波长，$\lambda = (635 \pm 6)$ mm；L 为气相室的长度，$L = (100 \pm 2)$ mm；Δk 为变化条纹数，$\Delta k = 5$。

【实验内容与步骤】

（1）将半导体激光器的电源打开，使其发出的光束水平照射分束镜，并照射平面反射镜 M_2，并且使激光束原路返回到半导体激光器。

（2）将分束镜的角度做调节，使得前后面反射的光线无阻碍。

(3) 将接收屏放置到可以接收由 M_2 反射到分光板再反射出的光线。

(4) 放置平面反射镜 M_1,调整其位置和角度,并且调节 M_1 后的调节螺丝,使其反射后的光线与 M_2 反射后的光线重合于接收屏上(适当的时候也可调节平面反射镜 M_2 后的调节螺丝)。

(5) 按照光路图的要求,将气相室放置于其中一条光路上,使该路所有光束全部通过气相室。

(6) 放上扩束镜,观察接收屏的干涉条纹。

(7) 利用打气球给气相室充气到红色警戒线内,然后拧松气囊阀门,使其缓慢降压,并且数据记录于表 5-1-1 中,根据公式计算空气折射率。

【实验数据与处理】

干涉法测完气折射率的数据记录在表 5-1-1 中。

表 5-1-1　干涉法测空气折射率记录表

N	0	5	10	15	20	25
p/kPa						

根据公式

$$\Delta p=\frac{(p_6-p_3)+(p_5-p_2)+(p_4-p_1)}{3\times 3}$$

和

$$n-1=\frac{\lambda}{2L}\cdot\frac{\Delta k}{\Delta p}$$

计算空气折射率 n。

【分析与思考】

1. 在折射率的计算公式的推导过程中忽略了哪些因素的影响?
2. 本实验能否用钠光作光源?
3. 气体折射率与哪些物理量有关?
4. 迈克尔逊干涉仪的自搭过程中应注意哪些步骤?

5.2　万用表的组装和调试

【实验目的】

(1) 了解万用表的结构和工作原理;
(2) 学会组装万用表并进行调试。

【实验仪器】

电路工具盒、可变电阻、数字万用表、导线若干。

【实验要求】

(1) 分析常用万用表电路,说明各挡的功能和设计原理;

(2) 设计组装并校验具有下列四挡功能的万用表。

① 直流电流挡:量程 1.00mA;

② 以自制的 1.00mA 电流表为基础的直流电压挡:量程 2.50V;

③ 以自制的 1.00mA 电流表为基础的交流电压挡:量程 10.00V;

④ 以自制的 1.00mA 电流表为基础的电阻挡(×100 挡):电源使用一节电池(1.5V 电压)。

【实验原理】

1. 把表头改装为大量程电流表

原理如图 5-2-1 所示,若将表头量程扩大到 I,则需要在微安电流表头上并联一个电阻 R,其大小可表示为

$$R = \frac{I_g R_g}{I - I_g} \tag{5-2-1}$$

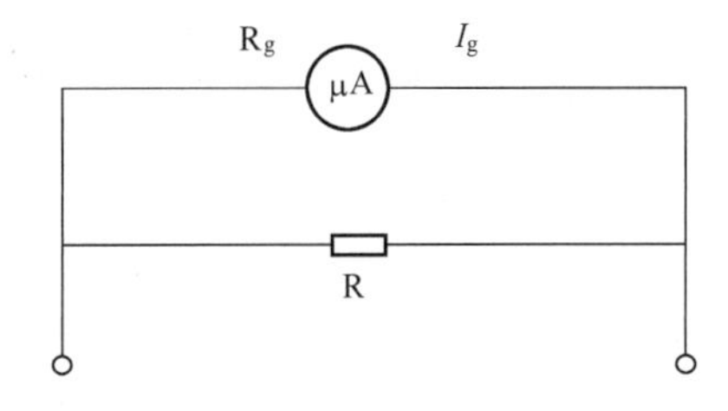

图 5-2-1　表头改装为大量程电流表原理图

2. 把表头改装为大量程电压表

原理如图 5-2-2 所示,若将表头改装为一个量程为 U 的电压表,需与表头串联一个适当大的分压电阻 R,其大小可表示为

$$R = \frac{U - I_g R_g}{I_g} \tag{5-2-2}$$

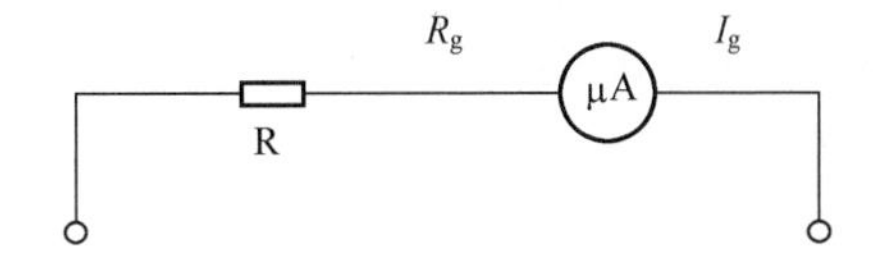

图 5-2-2　表头改装为大量程电压表原理图

3. 把表头改装为交流电压表

原理如图 5-2-3 所示,表头只能流过直流电,因此万用表在测量交流时采用一个整流电路将交流变为直流。电流一般通过串并联的两个二极管进行半波整流。

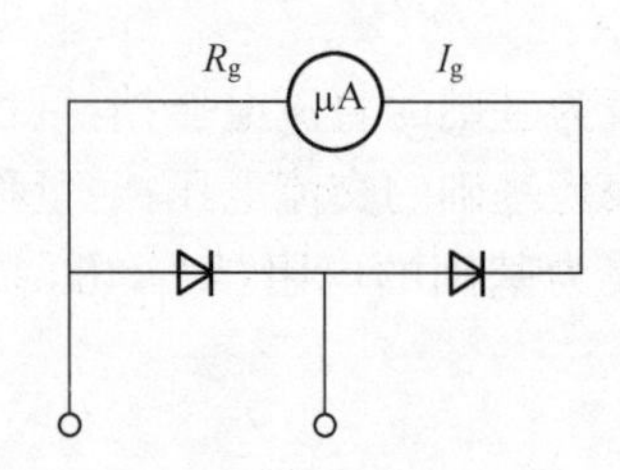

图 5-2-3　表头改装为交流电压表原理图

4. 把表头改装为欧姆表

如图 5-2-4 所示,当两表笔短接时,调节 R_2 的值,使电流表满偏,由欧姆定律可得

$$I(R_3 + R_g) = E \tag{5-2-3}$$

接入电阻 R_x 时,有

$$I(R_3 + R_g + R_x) = E \tag{5-2-4}$$

由式(5-2-4)可知,E 是一定的,因此电阻与电流有一一对应关系,但是为非线性变化,所以表盘刻度不均匀。当 $R_x = R_3 + R_g$ 时,电流表半偏,称其为中值电阻。

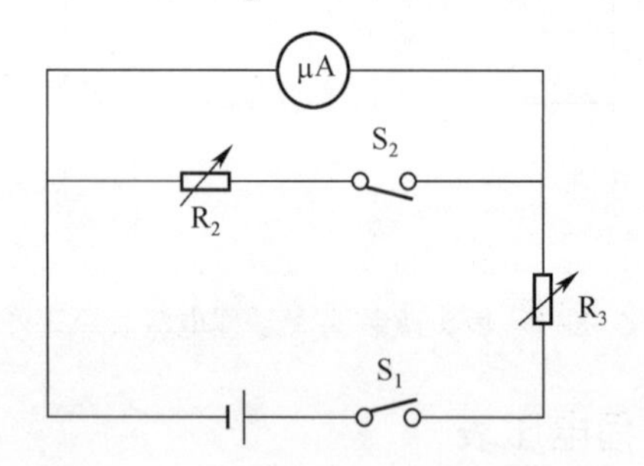

图 5-2-4　表头改装为欧姆表原理图

【实验内容及步骤】

(1) 制作量程为 1.00mA 直流电流表并校验。

(2) 制作量程为 2.50V 的直流电压表并校验。

(3) 制作量程为 10.0V 的交流电压表并校验。

(4) 制作"×100"挡的欧姆表并校验。

【注意事项】

(1) 修改电路或插拔线时,一定要断开相应开关或关闭实验箱电源。

(2) 在校准电压表和电流表时,校准表和标准表需同时接入电路,标准电流表与校准

电流表要串联,标准电压表与校准电压表要并联。

(3) 每次实验完成后,要整理好实验仪器方可离开实验室。

5.3　单摆法测重力加速度

单摆实验是一个有着悠久历史的实验,伽利略就曾用过单摆测量重力加速度。在单摆摆角比较小的情况下,摆长与周期一一对应,这些物理现象使得单摆在日常生活和科研中都有着相当的应用价值,如用于钟表计时等。

单摆法测量重力加速度的实验中存在着许多影响精密测量的因素,如测周期的误差,本实验采用"数字存储毫秒计"计时,尽可能减少测时误差。

【实验目的】

(1) 掌握用单摆法测重力加速度的方法;

(2) 研究单摆振动,以及周期和摆长之间的关系。

【实验仪器】

单摆实验仪、计时器、米尺。

【实验原理】

把一根轻质且不可伸长的细长绳的一端固定,另一端系一个小金属球,并使之在重力作用下摆动。若线的质量相对于小球质量较小,且线的长度比球的直径大得多,则这样的装置可视为单摆。

单摆往返摆动一次所需的时间称为单摆周期。当摆幅很小,摆角小于5°时,单摆的周期可近似表示为

$$T = 2\pi\sqrt{\frac{L}{g}} \tag{5-3-1}$$

式中:g为重力加速度;L为从摆线的固定点到摆球中心的距离,称为摆长。将式(5-3-1)变形,即等号两边平方可得

$$g = 4\pi^2\frac{L}{T^2} \text{ 或 } T^2 = 4\pi^2\frac{L}{g} \tag{5-3-2}$$

从式(5-3-2)可知,只要测出L和T,就可得到g,且T^2和L之间具有线性关系。

在实验中,若不计摆线质量、小球半径相对于摆长忽略不计的单摆是理想状态,实际上线的质量不等于零,摆球半径也不等于零,实际状态可以看成是小球绕固定轴摆动的刚体运动,即复摆。它的周期为

$$T_1^2 = 4\pi^2\frac{L}{g}\left(1 + \frac{2}{5}\frac{r^2}{L^2} - \frac{1}{6}\frac{\mu}{m}\right) \tag{5-3-3}$$

下面逐项分析系统误差,考查其对计算结果的影响并找出修正值:

(1) 复摆的修正。不计摆线质量μ、小球半径r相对于摆长忽略不计的单摆是理想状

态,实际上摆线的质量不等于零,摆球半径也不等于零,实际状态可以看成是小球绕固定轴摆动的刚体运动,即复摆。它的周期为

$$T_1^2 = 4\pi^2 \frac{L}{g}\left(1 + \frac{2}{5}\frac{r^2}{L^2} - \frac{1}{6}\frac{\mu}{m}\right) \tag{5-3-4}$$

式中:第二、三项为修正项,数量级一般在 10^{-4}左右。

(2) 摆角的修正。当幅角 θ 很小时,$\sin\theta \approx \theta$,单摆做简谐振动,其周期的表达式即为式(5-3-1)。当 θ 不太小时,就不能作为简谐振动处理,但摆角也没有很大,其振动周期只须考虑到二级近似,应为

$$T'^2 = 4\pi^2 \frac{L}{g}\left(1 + \frac{\theta^2}{8}\right) \tag{5-3-5}$$

(3) 空气浮力与阻力的修正。考虑到空气的浮力和阻力影响,周期将增大。即

$$T''^2 = 4\pi^2 \frac{L}{g}\left(1 + \frac{8}{5}\frac{\rho_0}{\rho}\right) \tag{5-3-6}$$

式中:ρ_0、ρ 分别为空气和小球的密度。

考虑式(5-3-4)~式(5-3-6)的修正项,并忽略高级小量,最后可得周期 T 与摆长 L 及修正项的关系为

$$T^2 = 4\pi^2 \frac{L}{g}\left(1 + \frac{2}{5}\frac{r^2}{L^2} - \frac{1}{6}\frac{\mu}{m} + \frac{1}{8}\theta^2 + \frac{8}{5}\frac{\rho_0}{\rho}\right) \tag{5-3-7}$$

所以,重力加速度 g 的修正表达式应为

$$g = 4\pi^2 \frac{L}{T^2}\left(1 + \frac{2}{5}\frac{r^2}{L^2} - \frac{1}{6}\frac{\mu}{m} + \frac{1}{8}\theta^2 + \frac{8}{5}\frac{\rho_0}{\rho}\right) \tag{5-3-8}$$

这些修正项数量级都在 10^{-4}左右,为提高测量的准确度,要求 L 和 T 的测量也应精确到 10^{-4}或更高。实验中 L 要达到这样高的测量精度,需要采用测高仪来完成测量。本实验测量 L 的仪器的精度在 10^{-3}左右,故可不考虑上述修正项。

【实验内容与步骤】

(1) 将单摆架调竖直,测量时保持稳定不晃动。调节底座,使摆线、镜刻线及摆线在镜中的像三者重合。

(2) 按下计时器的开关键使显示"H"。

(3) 将摆球沿弧尺外拉到不大于 5°的位置时放手,让其自由摆动。

(4) 摆球摆动稳定后,按计时器"2"键,再按计时器靠右侧任一按键可以开始计时。

【数据记录与处理】

(1) 改变三次摆长,分别测量摆长 L_1、L_2 和 L_3,以及不同摆长对应每 100 个周期的时间,如此重复 3 次,数据记录表格自行设计。

(2) 由式(5-3-1)计算重力加速度及其不确定度,并写出测量结果的表达式。

【分析与思考】

1. 本实验测重力加速度时的精度主要受哪些量的测量精度限制?

2. 测量过程中，摆长的变化如何影响重力加速度的大小？

5.4　电表的改装与校准

实验室常用的电表大部分是磁电式仪表，其测量机构的可动线圈和游丝只允许通过微安级或毫安级的电流。用这种测量机构直接构成的电表称为表头，其满度电流和电压都很小。未经改装的表头，一般只能测量很小的电流和电压，若想测量较大的电流或电压，就必须对其进行改装：并联或串联电阻以扩大其量程。电表经过改装或经过长期使用后，为确定其准确度等级或减少使用误差，必须进行校准。

【实验目的】

（1）掌握将微安表改装成较大量程电流表和电压表的原理和方法；
（2）学会校正电流表和电压表的方法。

【实验仪器】

稳压电源、微安表头（200μA）、直流电流表、直流电压表、滑线变阻器、电阻箱、开关、导线。

【实验原理】

1. 微安表改装成电流表

若要将量程为 I_g、内阻为 R_g 的表头改装为量程为 I 的电流表，微安表需并联分流电阻 R_p，使电流一部分流经表头，另一部分从分流电阻流过，表头仍保持原来允许通过的最大电流 I_g。电流表改装如图 5-4-1 所示。

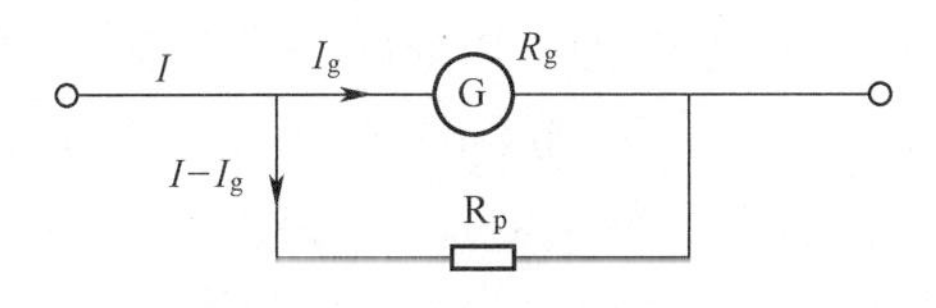

图 5-4-1　电流表改装

根据欧姆定律可得

$$R_g I_g = R_p(I - I_g) \tag{5-4-1}$$

并联分流电阻为

$$R_p = \frac{I_g}{I - I_g} \cdot R_g \tag{5-4-2}$$

2. 微安表改装成电压表

若要将量程为 I_g、内阻为 R_g 的表头改装为量程为 U 的电压表，微安表需串联分压电

阻 R_s，使一部分电压降落在表头上，另一部分电压降落在 R_s 上，微安表上的电压降仍不超过原来的电压量程 I_gR_g。电压表改装如图 5-4-2 所示。

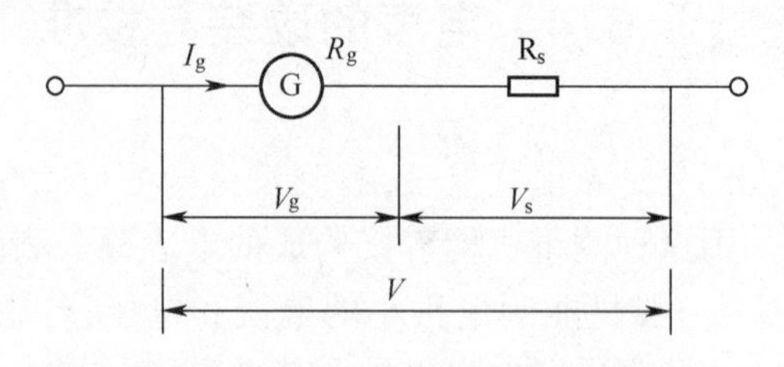

图 5-4-2　电压表改装

根据欧姆定律，电压为

$$U = I_g(R_g + R_s) \tag{5-4-3}$$

串联分压电阻为

$$R_s = \frac{U}{I_g} - R_g \tag{5-4-4}$$

3. 电表标称误差和校正

使被校电表与标准电表同时测量一定的电流（电压），看其指示值与相应的标准值相符的程度。校准的结果得到电表各个刻度的绝对误差。选取其中最大的绝对误差除以量程，即得该电表的标称误差：

$$标称误差 = \frac{最大绝对误差}{量程} \times 100\%$$

根据标称误差的大小，电表准确度分为不同的等级，关于电表的等级常标在电表的面板上，例如 0.25 表示该表的准确度等级为 0.25，其最大误差为 0.25%。

为确定标称误差，应对电表进行校准。根据电表准确度级别的不同，校准电表的方法也会有很大的差异。对于准确度等级比较高的电表，可以采用补偿法校准（电位差计来校准）；对于准确度等级比较低的电表，通常用准确度等级较高的电表作标准表用对比法来校准。方法是依次读出待校准电表某刻度指示值 I_x 和标准表对应的指示值 I_s，得到该刻度的修正值 $\Delta I_x = I_s - I_x$。以 I_x 为横坐标，ΔI_x 为纵坐标，将相邻两个校准点以直线段连接，从而画出电表的校准曲线。整个图形为折线状，如图 5-4-3 所示。

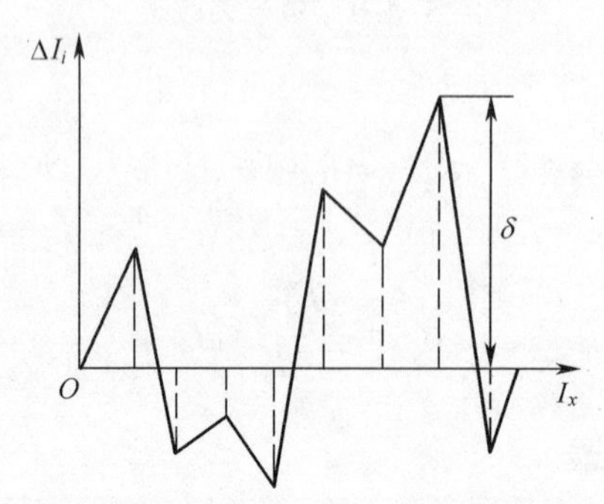

图 5-4-3　校准曲线图

【实验内容与步骤】

1. 将量程为 200μA 的微安表头扩程为 10mA 电流表

(1) 计算分流电阻阻值,数据填入表 5-4-1 中。用电阻箱作 R_p,与待改装的电流计并联构成量程为 10mA 的电流表。

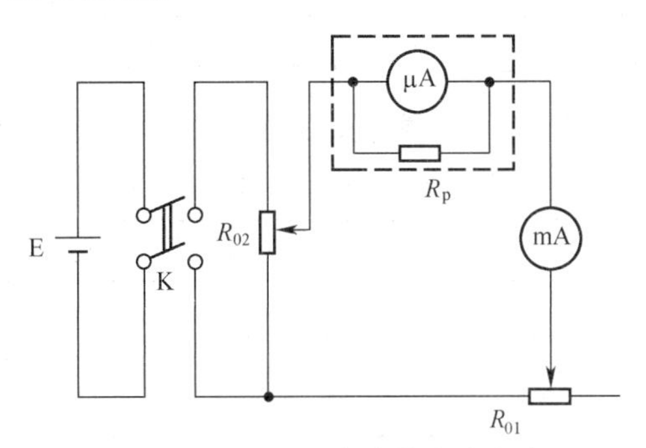

图 5-4-4　电流表改装实验电路

(2) 根据图 5-4-4 连接电路,调节两滑线变阻器的阻值,使改装表的指针到满量程,看这时标准表的读数是否刚好为 10mA,如有差异,微调 R_p 使两表同时达到满偏,记下此时电阻箱上的读数,即为 R_p 的实际值。

(3) 校准刻度。均匀地取包括零刻度和满量程在内的 6 个校准点。调节滑线变阻器,使电流从小到大变化,依次记录改装表在校准点时标准表对应的读数 I_s。

(4) 以被校表的指示值 I_x 为横坐标,以校正值 δI_x 为纵坐标,在坐标纸上作出校正曲线。数据填入表 5-4-2 中。

(5) 求出改装电流表的标称误差。

2. 将量程为 200μA 的微安表头改装为量程 1V 的电压表

(1) 根据图 5-4-5 连接线路,计算扩程电阻的阻值数据填入表 5-4-3 中。

(2) 校正电压表。与校准电流表的方法相似。数据填入表 5-4-4 中。

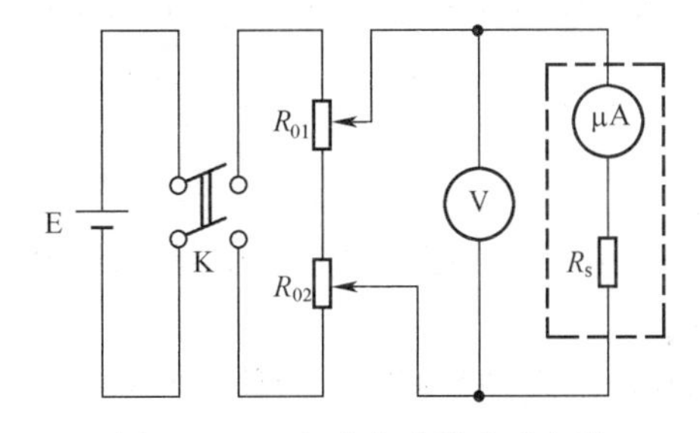

图 5-4-5　电流表改装实验电路

【数据记录与处理】

(1) 改装电流表、校正仪器参数及数据记录在表 5-4-1、表 5-4-2 中。

表 5-4-1　电流表改装与校正仪器参数记录表

满度电流 I_g/μA	扩程电流 I/mA	电流计内阻 R_g/Ω	R_p 理论值	R_p 实际值
200	10			

表 5-4-2　电流表校正数据记录表

改装表读数 I_x/mA	0.00	2.00	4.00	6.00	8.00	10.00
标准表读数 I_s/mA						
$\delta I_x = I_s - I_x$/mA						

（2）改装电压表、校正仪器参数与数据记录在表 5-4-3、表 5-4-4 中。

表 5-4-3　电压表改装与校正仪器参数记录表

满度电流 I_g/μA	扩程电压 U/V	电流计内阻 R_g/Ω	R_p 理论值	R_p 实际值
200	1			

表 5-4-4　电压表校正数据记录表

被校表读数 U_x/V	0.00	0.20	0.40	0.60	0.80	1.00
标准表读数 U_s/V						
$\Delta U_x = \overline{U}_s - U_x$/V						

（3）在坐标纸上分别作出改装电流表和改装电压表的校准曲线。

（4）分别计算出改装电流表和改装电压表的标称误差。

改装电流表的标称误差为$\dfrac{\delta I_{max}}{10\text{mA}} \times 100\% =$ ____________________；

改装电压表的标称误差为$\dfrac{\delta U_{max}}{1\text{V}} \times 100\% =$ ____________________。

【注意事项】

（1）实验所用电表的正、负极不可接错。

（2）分流电阻 R_p 的接线必须保证接触良好，千万不能断开，否则流过表头的电流过大，会烧坏表头。

【分析与思考】

1. 图 5-4-4 和图 5-4-5 中，滑线变阻器的滑动端应置于何处才能使输出电流或电压最小？

2. 改装后的电表级别与原电表是否相同？为什么？

3. 本实验中，电流（或电压）从小到大和从大到小各做一遍，若两者完全一致说明什么？不一致又说明什么？

第6章 仿真模拟实验

6.1 光杠杆法测金属线膨胀系数

物质内部的分子都处于不停地运动中,而分子运动强弱的不同,造成绝大多数材料都表现出热胀冷缩的特性。物理的热胀冷缩是极为普遍而又非常重要的物理现象,在机械制造、精密仪器的设计以及工程建筑等各个领域都十分重要。随着科学技术的迅猛发展,计算机作为一种智能化的技术手段,广泛应用于科学实验过程中。它可以对实验过程进行实时控制,对被测对象进行实时采集,并对所采集的数据自动进行处理,这对提高实验的科学性和准确性起着非常重要的作用。

金属线胀系数的智能测量实验就是一个用计算机控制实验过程,对金属线胀系数进行测量的实验。本实验的目的主要是利用光杠杆原理测定金属棒的线胀系数,从而学习一种测量微小长度的方法。

【实验目的】

(1) 学习利用光杠杆测量微小长度变量的原理及方法;
(2) 进一步熟悉最小二乘法处理实验数据。

【实验仪器】

计算机、管式电炉、待测铜棒、光杠杆、米尺、平面镜、望远镜等。

【实验原理】

1. 材料的线膨胀系数

各种材料热胀冷缩的强弱是不同的,为了定量区分它们,人们找到了表征这种热胀冷缩特性的物理量,线胀系数和体胀系数。

线膨胀是材料在受热膨胀时在一维方向上的伸长。在一定的温度范围内,固体受热后,其长度都会增加,设物体原长为 L, 由初温 t_1 加热至末温 t_2,物体伸长了 ΔL,则有

$$\Delta L = \alpha_l L(t_2 - t_1) \tag{6-1-1}$$

$$\alpha_l = \frac{\Delta L}{L(t_2 - t_1)} \tag{6-1-2}$$

上式表明，物体受热后其伸长量与温度的增加成正比，与原长也成正比。比例系数 α_l 为固体的线胀系数。

2. 线胀系数的测量

线胀系数是选用材料时的一项重要指标。实验表明，不同材料的线胀系数是不同的，塑料的线胀系数最大，其次是金属、殷钢，熔凝石英的线胀系数很小，由于这一特性，殷钢、石英多被用在精密测量仪器中。表 6-1-1 给出了几种材料的线胀系数。

表 6-1-1 几种材料的线胀系数

材料	钢	铁	铝	玻璃	陶瓷	殷钢	熔凝石英
$\alpha_l/℃^{-1}$	10^{-5}	10^{-5}	10^{-5}	10^{-6}	10^{-6}	$<2\times10^{-6}$	10^{-7}

人们在实验中发现，同一材料在不同的温度区段，其线胀系数是不同的，例如某些合金，在金相组织发生变化的温度附近，会出现线胀量的突变；但在温度变化不大的范围内，线胀系数仍然是一个常量。因此，线胀系数的测定是人们了解材料特性的一种重要手段。在设计任何要经受温度变化的工程结构（如桥梁、铁路等）时，必须采取措施防止热胀冷缩的影响。

在式(6-1-1)中，ΔL 是一个微小的变化量，以金属为例，若原长 $L=300\text{mm}$，温度变化 $t_2-t_1=100℃$，金属的线胀系数 $\alpha_l\approx10^{-5}/℃$，估计 $\Delta L\approx0.30\text{mm}$。这样微小的长度变化，普通米尺、游标卡尺的精度是不够的，可采用千分尺、读数显微镜、光杠杆放大法、光学干涉法等。考虑到测量方便和测量精度，采用光杠杆法测量。

光杠杆系统由平面镜及底座，望远镜和米尺组成。光杠杆放大原理如图 6-1-1 所示。当金属杆伸长时，从望远镜中可读出待测杆伸长前后叉丝所对标尺的读数 b_1、b_2，这时有

$$\Delta L=\frac{(b_2-b_1)l}{2D} \tag{6-1-3}$$

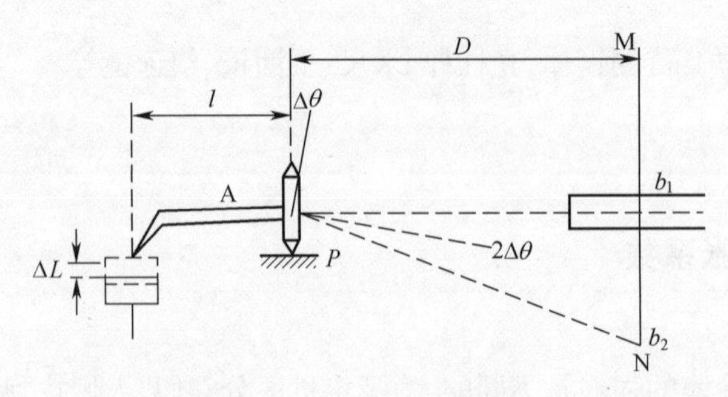

图 6-1-1 光杠杆原理图

将式(6-1-2)代入式(6-1-3)可得

$$\alpha_l=\frac{(b_2-b_1)l}{2DL(t_2-t_1)} \tag{6-1-4}$$

【实验内容与步骤】

在系统主界面上选择“热膨胀系数”并单击，进入热膨胀系数仿真实验平台，显示平台主窗口。把鼠标指针移动到仪器上，稍等一会儿，就会出现仪器名称等相应的提示。

（1）在主窗口上单击鼠标右键，弹出实验主菜单（图 6-1-2）。用鼠标单击菜单选项，即进入相应的实验内容。

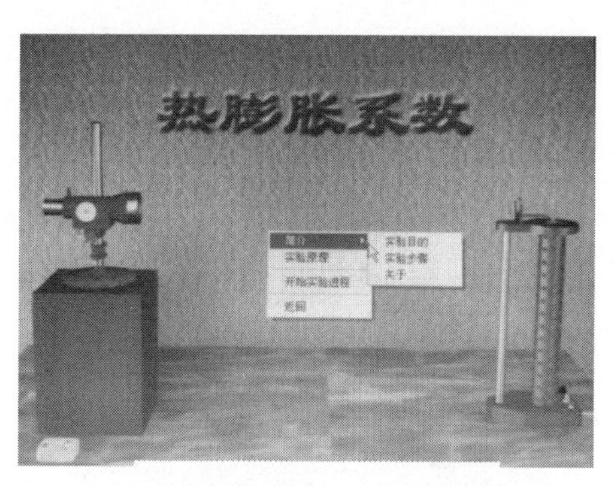

图 6-1-2　仿真实验平台截图：实验主菜单

① 依次单击“实验简介”“实验目的”和“实验步骤”，显示本实验的目的和步骤（图 6-1-3、图 6-1-4）。单击其右上角的圆形图标关闭此窗口。

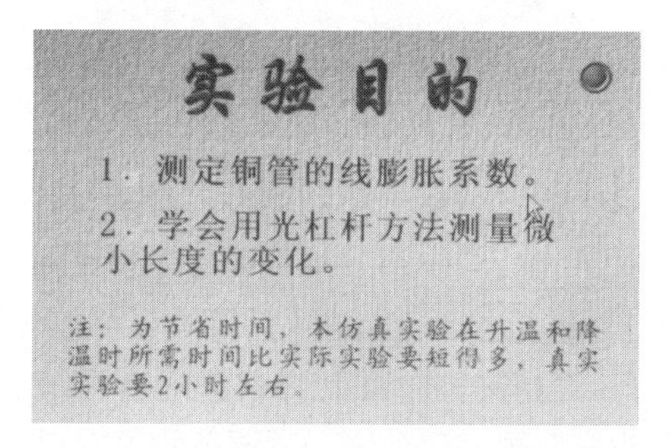

图 6-1-3　仿真实验平台截图：实验目的

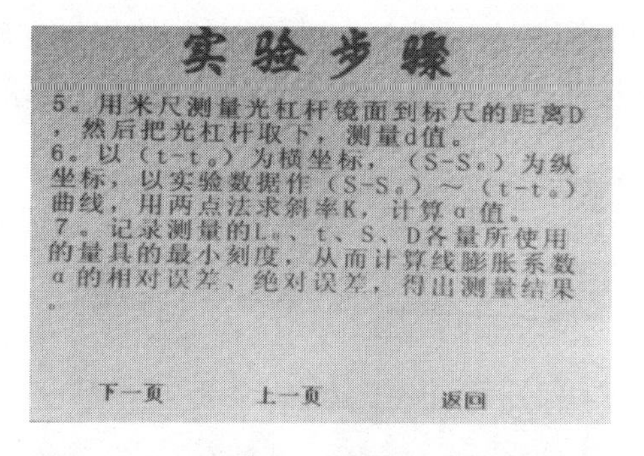

图 6-1-4　仿真实验平台截图：实验步骤

② 单击“实验原理”，显示本实验的原理（图 6-1-5）。

（2）单击“开始实验进程”，各仪器进入调节、使用状态，可进行实验操作。

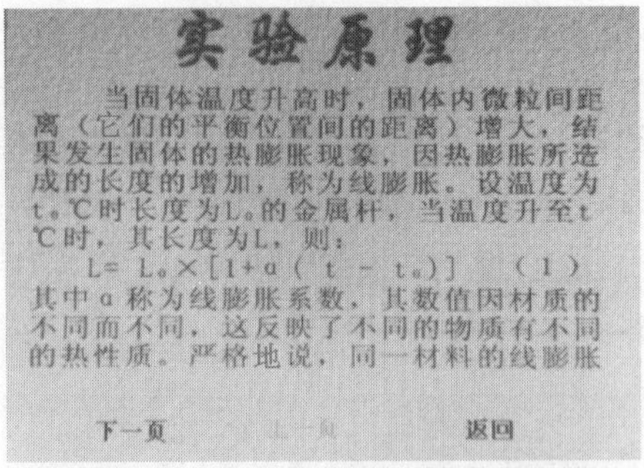

实验原理
当固体温度升高时，固体内微粒间距离（它们的平衡位置间的距离）增大，结果发生固体的热膨胀现象，因热膨胀所造成的长度的增加，称为线膨胀。设温度为t_0℃时长度为L_0的金属杆，当温度升至t℃时，其长度为L，则：
$L= L_0\times[1+\alpha(t - t_0)]$ (1)
其中α称为线膨胀系数，其数值因材质的不同而不同，这反映了不同的物质有不同的热性质。严格地说，同一材料的线膨胀
下一页
上一页
返回

图 6-1-5　仿真实验平台截图:实验原理

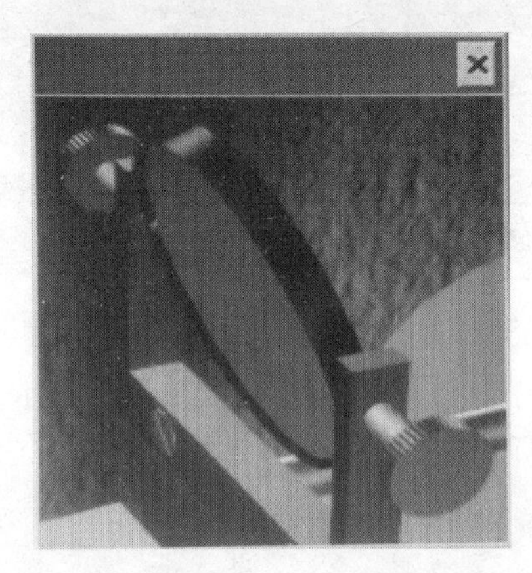

图 6-1-6　仿真实验平台截图:平面镜调节

① 调节光杠杆的平面镜,使平面镜与标尺平行。开始实验进程后,单击光杠杆和平面镜,显示平面镜调节示意图(图 6-1-6)。用鼠标左右键单击平面镜进行调节(点击鼠标左键到底,点击 3 下鼠标右键),使平面镜与平台垂直。单击“返回”,退回到实验界面。

② 调节望远镜的视野。开始实验进程后,单击望远镜,弹出选择子菜单。

a. 选择“调节望远镜视野”,显示望远镜视野调节示意图(图 6-1-7)。分别调节望远镜的底座(鼠标左右键单击,分别使之在桌面上左右移动)、目镜(鼠标左右键单击,分别使放大倍数增减)、调焦(鼠标左右键单击调焦旋钮,使聚焦准确)以及固定装置(鼠标左右键单击,分别使望远镜筒上下移动),使望远镜视野符合要求。单击“返回”,退回到实验界面。

望远镜
望远镜视野
移动步长
返回

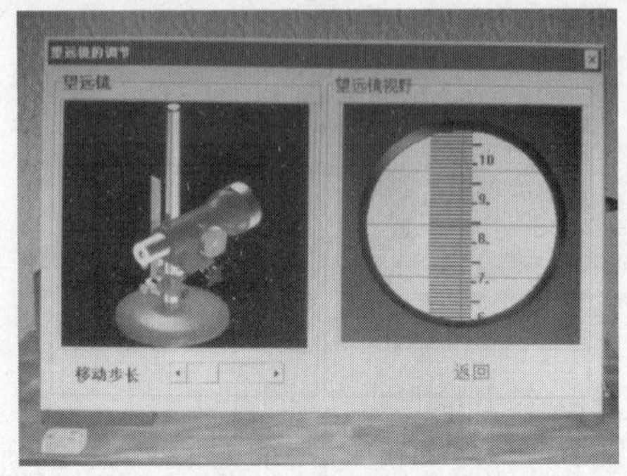

图 6-1-7　仿真实验平台截图:望远镜调节

b. 选择“显示望远镜视野”,显示望远镜视野示意图(图 6-1-8)。

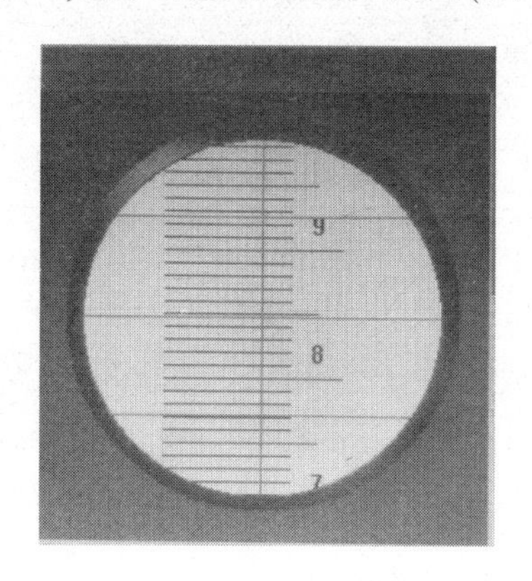

图 6-1-8　仿真实验平台截图:望远镜视野

③ 显示温度计。开始实验进程后,单击温度计,显示温度计示意图(图 6-1-9)。

④ 加热电源、电压控制。开始实验进程后,单击电源开关或调压电位器,显示电源、电压控制示意图(图 6-1-10),分别用鼠标的左右键调节电源开关和电压。

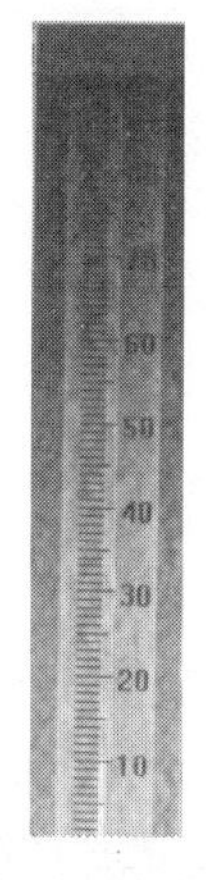

图 6-1-9　仿真实验平台截图:温度计示意图

图 6-1-10　仿真实验平台截图:电源、电压控制

⑤ 米尺的使用。单击米尺,显示测量 b、D 的窗口(图 6-1-11),根据窗口下方的提示,完成测量。单击“退出”按钮,退出实验界面。

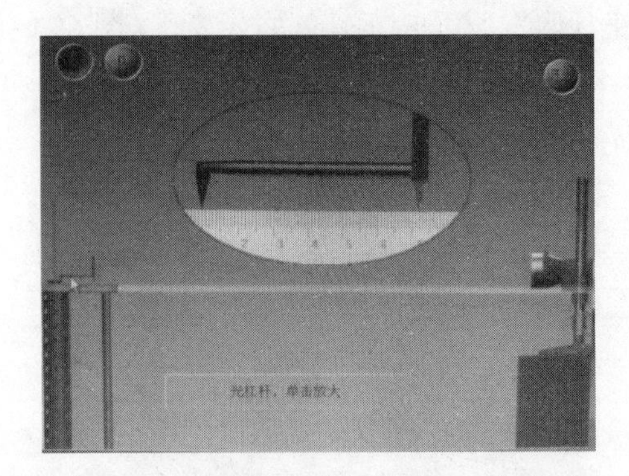

图 6-1-11 仿真实验平台截图：b、D 测量窗口

【数据记录与处理】

(1) 读出叉丝横线在直尺上的读数 b_1，记录初温 t_1，蒸汽进入金属筒后，金属棒迅速伸长，待温度计的读数稳定几分钟后，读出望远镜叉丝横线所对直尺的数值 b_2，并记下 t_2。如果线胀仪采用电加热，测量可从室温开始，每间隔 10℃ 记一次 b 的值，直到 t 达 100℃。然后逐渐降温，重复测以上数据。

(2) 以 t 为横坐标、b 为纵坐标作出 $b-t$ 关系曲线，求直线斜率 k，并由此计算 α_l。

(3) 用最小二乘法求直线斜率 k，并计算 α_l 的标准误差。

【分析与思考】

1. 分析引起测量误差的主要因素。
2. 一种材料的线胀系数是否一定为常数？为什么？

6.2 RLC 串联电路暂态过程的研究

在生产和科研工作中经常需要观测一些持续时间短暂的"瞬变电信号"。这种信号用普通模拟示波器很难观测，对信号进行数据处理也不方便。在此情况下，使用数字存储示波器就显得十分优越。

【实验目的】

(1) 研究 RLC 电路的暂态过程；
(2) 知悉常数 τ 的概念及其测量方法；
(3) 了解微型计算机在物理实验中的一种应用模式。

【实验仪器】

数字存储示波器、微型计算机、标准电容、标准电感和电阻箱、导线等。

【数字存储示波器简介】

数字存储示波器的基本部分与模拟示波器相比，增加了图 6-2-1 中虚线框包围的部

分。它将经过前置放大后的被测模拟信号,通过模/数(A/D)转换器转换成数字信号存储在存储器中。数字信号是用一系列分立的数字表示的信号,显示时将信号从存储器中"读"出来,经过数/模(D/A)转换器还原成模拟信号再经过驱动放大器送示波器显示。存储在存储器中的信号,如果不被新的数字信号所更换且不断电,则可一直保存。也可通过专配的数据传送接口输送给微型计算机存储,该数据可长期保存,并可借助计算机进行数据处理,使用十分方便。

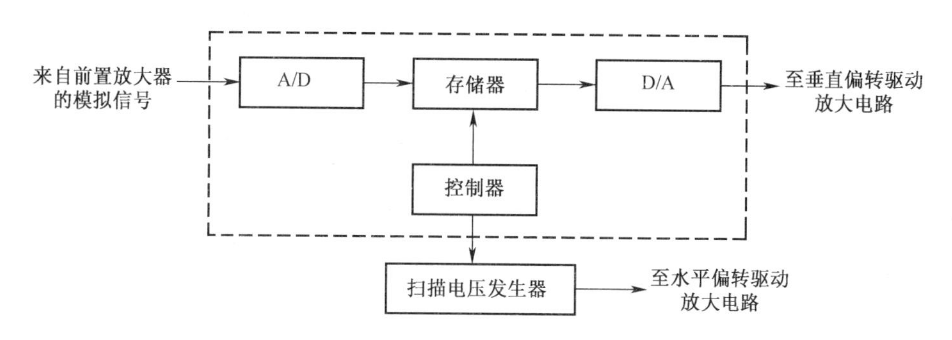

图 6-2-1　数字存储示波器数字部分框图

【RLC 串联电路的暂态特性】

如图 6-2-2 所示,当开关 S 接至位置 1 时,电路方程为

$$LC\frac{\mathrm{d}^2u_C}{\mathrm{d}t^2}+RC\frac{\mathrm{d}u_C}{\mathrm{d}t}+u_C=E \tag{6-2-1}$$

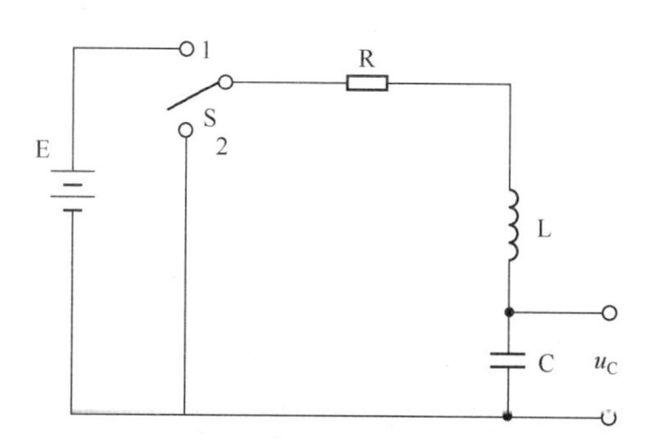

图 6-2-2　串联电路

式中:u_C 为电容器两端的电压;R 为回路的总电阻,$R=R_0+R_L+R_S$,其中 R_L 为电感线圈电阻,R_S 为电源内阻,R_0 为四钮电阻箱。

电路有一个特解,即电路未接通前,$u_C=0$,$\frac{\mathrm{d}u_C}{\mathrm{d}t}=0$。方程式(6-2-1)的解可分为以下三种情况:

(1) 若 $R^2<4L/C$,则方程的解为

$$u_C=E-E\sqrt{\frac{4L}{4L-R^2C}}\mathrm{e}^{-\frac{t}{\tau}}\cos(\omega t+\varphi) \tag{6-2-2}$$

式中：$\tau=\dfrac{2L}{R}$，τ 为时间常数。

第二项表示一种衰减振动过程，此时系统处于"欠阻尼"状态，阻尼振动波形如图 6-2-3 曲线 1 所示。曲线描述的是阻尼振动电压随时间变化的曲线，可以看出这种振动已不是严格意义上的周期振动了，但可以类比简谐振动，将两峰间的时间间隔定义为周期

$$T=\frac{2\pi}{\omega} \tag{6-2-3}$$

式中：ω 为振动角频率，$\omega=\dfrac{1}{\sqrt{LC}}\sqrt{\dfrac{4L-R^2C}{4L}}$。

（2）若 $R^2>4L/C$，则方程解为

$$u_C=E-E\sqrt{\frac{4L}{R^2C-4L}}\mathrm{e}^{-\alpha t}\mathrm{sh}(\beta t+\varphi) \tag{6-2-4}$$

式中

$$\alpha=\frac{R}{2L},\beta=\frac{1}{\sqrt{LC}}\sqrt{\frac{R^2C}{4L}-1}$$

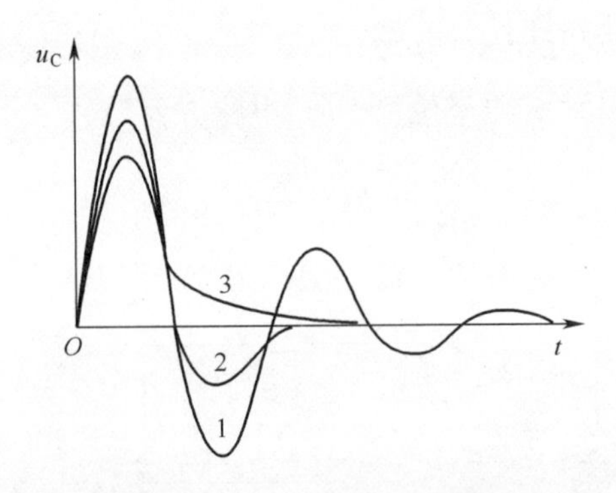

图 6-2-3　阻尼振动波形

其解不再是式(6-2-2)的形式，而是指数衰减函数。此情况下的振动从开始最大位移处缓慢逼近平衡位置，完全不可能再做往复运动，这种情况称为过阻尼，如图 6-2-3 曲线 2 所示。

（3）当 $R^2=4L/C$ 时，物体不可能做往复运动，这种情况称为临界阻尼，方程的解为

$$u_C=E\left[1-\left(1+\frac{t}{\tau}\right)\mathrm{e}^{-\frac{t}{\tau}}\right] \tag{6-2-5}$$

振动曲线如图 6-2-3 曲线 3 所示。从图 6-2-3 可知，临界阻尼情况下振动体回到平衡位置最快。

当上述过程达到稳定之后，再将开关迅速从位置 1 转换至位置 2，电路方程为

$$LC\frac{\mathrm{d}^2u_C}{\mathrm{d}t^2}+RC\frac{\mathrm{d}u_C}{\mathrm{d}t}+u_C=0 \tag{6-2-6}$$

初始条件为 $t=0$ 时，$u_C=E$，$\frac{du_C}{dt}=0$，方程的解也可分为三种情况：

（1）若 $R^2<4L/C$，则方程的解为

$$u_C = E\sqrt{\frac{4L}{4L-R^2C}}e^{-\frac{t}{\tau}}\cos(\omega t+\varphi) \tag{6-2-7}$$

（2）若 $R^2>4L/C$，则方程的解为

$$u_C = E\sqrt{\frac{4L}{R^2C-4L}}e^{-\alpha t}\mathrm{sh}(\beta t+\varphi) \tag{6-2-8}$$

（3）若 $R^2=4L/C$，则方程的解为

$$u_C = E\left(1+\frac{t}{\tau}\right)e^{-\frac{t}{\tau}} \tag{6-2-9}$$

【实验内容与步骤】

（1）连接电路，将电路上连出的两条线接头分别接于电容器两端，红正，黑负。

（2）打开计算机，找到 RLC 串联模拟软件，让 $R_0=0$，选择充电或放电，若为充电，则将开关打向“2”让电容器放完电，点击“充电过程”，将开关快速打到“1”；若为放电，则将开关打向“1”让电容器充好电，点击“放电过程”，将开关快速打到“2”。

（3）观察欠阻尼振动波形，测量 6 个峰值的 t、u、稳定电压 u_0，计算周期 $T=2\pi/\omega$。

（4）测衰减振动的时间常数 τ。

第 n 个衰减振动的振幅用 u_{cn} 表示，其近似等于该峰值电压与电路稳定时相应的电压之差的绝对值。从衰减振动的表达式可得

$$\frac{u_{cn}}{u_{c1}} = e^{-(n-1)\frac{T}{\tau}} \tag{6-2-10}$$

式中：T 和 u_{cn} 值可根据衰减振动波形图测出，数据记录如表 6-2-1 所示。

【数据记录与处理】

表 6-2-1　数据记录表

n	t/ms	u/mV	u_0/mV	$u_{cn}=u-u_0$/mV	$x=n-1$	$y=\ln(u_{cn}/u_{c1})$
1						
2						
3						
4						
5						
6						

（1）求周期 T（逐差法）：

$$T = \frac{(t_6-t_3)+(t_5-t_2)+(t_4-t_1)}{9} \tag{6-2-11}$$

(2) 应用最小二乘法计算 τ:

首先,对式(6-2-10)取对数可得

$$\ln\frac{u_{cn}}{u_{c1}} = -(n-1)\frac{T}{\tau} \tag{6-2-12}$$

其次,令 $\ln\frac{u_{cn}}{u_{c1}}=y, n-1=x, -\frac{T}{\tau}=b$,则有 $y=bx$,利用最小二乘法求斜率的表达式得到 b 为

$$b = \frac{\overline{xy} - \bar{x}\cdot\bar{y}}{\overline{x^2} - \bar{x}^2} \tag{6-2-13}$$

进而得到时间常数为

$$\tau = -\frac{T}{b} \tag{6-2-14}$$

(3) RLC 电路欠阻尼振荡($R_0=0\Omega$)的波形在坐标纸上画出。

附录

附录1 中北大学信息商务学院学生实验报告

________________实验室学生实验报告

课程名称____________________

系　　部____________________

专　　业____________________

班　　级____________________

学　　号____________________

姓　　名____________________

同组人员____________________

辅导老师____________________

实验时间：______年______月______日

【实验目的】

1.
2.
3.

【实验仪器】

【实验原理】

【实验内容与步骤】

【数据记录与处理】

附录2 常用物理基本常数表

物理常数	符号	单位	最佳实验值	供计算用值
真空中光速	c	m/s	299792458±1.2	3.00×10^{8}
引力常数	G	$N\cdot m^2/kg^2$	$(6.6720\pm0.0041)\times10^{-11}$	6.67×10^{-11}
阿伏伽德罗常量	N_A	mol^{-1}	$(6.022045\pm0.000031)\times10^{23}$	6.02×10^{23}

（续）

物理常数	符号	单位	最佳实验值	供计算用值
静电力常量	k	$N \cdot m^2/C^2$		9×10^9
气体摩尔体积	V_m	L/mol	$(22.41383\pm0.00070)\times10^{-3}$	22.4
基本电荷(元电荷)	e	C	$(1.6021892\pm0.0000046)\times10^{-19}$	1.602×10^{-19}
原子质量单位	u	kg	$(1.6605655\pm0.0000086)\times10^{-27}$	1.66×10^{-27}
电子静止质量	m_e	kg	$(9.109534\pm0.000047)\times10^{-31}$	9.11×10^{-31}
电子荷质比	e/m_e	C/kg	$(1.7588047\pm0.0000049)\times10^{11}$	1.76×10^{-11}
普朗克常数	h	$J \cdot s$	$(6.626176\pm0.000036)\times10^{-34}$	6.63×10^{-34}
电子伏	eV	C		1.6×10^{-19}
声速(标况下空气中)	$v_{声}$	m/s		331.4
重力加速度	g	m/s^2		9.80665

附录 3　我国的法定计量单位

摘自中华人民共和国国家标准 GB3100—93(国际单位制及其应用)

表 1　SI 基本单位

量的名称	单位名称	单位符号
长 度	米	m
质 量	千克(公斤)	kg
时 间	秒	s
电 流	安[培]	A
热力学温度	开[尔文]	K
物质的量	摩[尔]	mol
发光强度	坎[德拉]	cd

表 2　包括 SI 辅助力单位在内的具有专门名称的 SI 导出单位

量的名称	SI 导出单位		
	名称	符号	用 SI 基本单位和 SI 导出单位表示
[平 面] 角	弧 度	rad	1rad = 1 m/m = 1
立 体 角	球 面 度	sr	$1sr = 1\ m^2/m^2 = 1$
频率	赫[兹]	Hz	$1Hz = 1\ s^{-1}$
力	牛[顿]	N	$1N = 1\ kg \cdot m/s^2$
压力,压强,应力	帕[斯卡]	Pa	$1Pa = 1\ N/m^2$
能[量]功,热量	焦[耳]	J	$1J = N \cdot m$

(续)

量的名称	SI 导出单位		
	名称	符号	用 SI 基本单位和 SI 导出单位表示
功率,辐[射能]通量	瓦[特]	W	$1\ W = 1J/s$
电荷[量]	库[仑]	C	$1C = 1\ A\cdot s$
电压,电动势,电位,(电势)	伏[特]	V	$1V = 1W/A$
电容	法[拉]	F	$1\ F = 1C/V$
电阻	欧[姆]	Ω	$1\Omega = 1V/A$
电导	西[门子]	S	$1S = 1\Omega^{-1}$
磁通[量]	韦[伯]	Wb	$1\ Wb = 1V\cdot s$
磁通[量]密度,磁感应强度	特[斯拉]	T	$1\ T = 1\ Wb/m^2$
电感	亨[利]	H	$1\ H = 1\ Wb/A$
摄氏温度	摄氏度①	℃	1℃ = 1 K
光通量	流[明]	lm	$1\ lm = 1\ cd\cdot sr$
[光]照度	勒[克斯]	lx	$1\ lx = lm/m^2$

①摄氏度是用来表示摄氏温度值时单位开尔文的专门名称

表 3　可与国际单位制单位并用的我国法定计量单位

量的名称	单位名称	单位符号	与 SI 单位的关系
时间	分 [小]时 日,(天)	min h d	$1min = 60s$ $1h = 60min = 3600s$ $1d = 24h = 86400s$
平面角	度 [角]分 [角]秒	° ′ ″	$1° = (\pi/180)\ rad$ $1' = (1/60)° = (\pi/10800)\ rad$ $1'' = (1/60)' = (\pi/684000)\ rad$
体积	升	L	$1L = 1dm^3 = 10^{-3}m^3$
质量	吨 原子质量单位	t u	$1t = 10^3kg$ $1u \approx 1.660540\times10^{-27}kg$
旋转速度	转每分	r/min	$1r/min = (1/60)s^{-1}$
长度	海里	n mile	1 n mile = 1852m(只用于航程)
速度	节	kn	1kn = 1 n mile/h = (1852/3600) m/s(只用于航行)
能	电子伏	eV	$1eV \approx 1.602177\times10^{-19}J$
级差	分贝	dB	
线密度	特[克斯]	tex	$1\ tex = 10^{-6}\ kg/m$
面积	公顷	hm^2	$1hm = 10^4m^2$

注:1. 平面角单位度、分、秒的符号,在组合单位中应采用(°)、(′)、(″)的形式。例如,不用°/s 而用(°)/s。
2. 升的两个符号属同等地位,可任意选用。
3. 公顷的国际通用符号为 ha

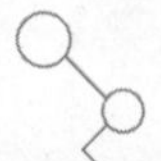

表 4　用国际单位制基本单位表示的 SI 导出单位

量的名称	单位名称	单位符号
[动力]粘度	帕[斯卡]秒	Pa·s
力矩	牛[顿]米	N·m
表面张力	牛[顿]每米	N/m
热流密度、辐照度	瓦[特]每平方米	W/m^2
热容、熵	焦[耳]每开[尔文]	J/K
比热容、比熵	焦[耳]每千克开[尔文]	J/(kg·K)
比能	焦[耳]每千克	J/kg
热导率	瓦[特]每米开[尔文]	W/(m·K)
能密度	焦[耳]每立方米	J/m^3
电场强度	伏[特]每米	V/m
电荷体密度	库[仑]每立方米	C/m^3
电位移	库[仑]每平方米	C/m^2
电容率	法[拉]每米	F/m
磁导率	亨[利]每米	H/m
摩尔能	焦[耳]每摩	J/mol
摩尔熵、摩尔热容	焦[耳]每摩[尔]开[尔文]	J/(mol·K)
电阻率	欧[姆]米	Ω·m
电导率	西[门子]每米	S/m

表 5　用国际单位制辅助单位表示的 SI 导出单位

量的名称	单位名称	单位符号
角速度	弧度每秒	rad/s
角加速度	弧度每二次方秒	rad/s^2
辐[射]强度	瓦[特]每球面度	$W \cdot sr^{-1}$
辐[射]亮度	瓦[特]每平方米球面度	$W \cdot m^{-2} \cdot sr^{-1}$

表 6　SI 词头

因　数	词头名称		符　号
	英文	中文	
10^{24}	yotta	尧[它]	Y
10^{21}	zetta	泽[它]	Z
10^{18}	exa	艾[可萨]	E
10^{15}	peta	拍[它]	P
10^{12}	tera	太[拉]	T
10^{9}	giga	吉[咖]	G

（续）

因　数	词头名称		符　号
	英文	中文	
10^{6}	mega	兆	M
10^{3}	kilo	千	k
10^{2}	hecto	百	h
10^{1}	deca	十	da
10^{-1}	deci	分	d
10^{-2}	centi	厘	c
10^{-3}	milli	毫	m
10^{-6}	micro	微	μ
10^{-9}	nano	纳[诺]	n
10^{-12}	pico	皮[可]	p
10^{-15}	femto	飞[母托]	f
10^{-18}	atto	阿[托]	a
10^{-21}	zepto	仄[普托]	z
10^{-24}	yocto	幺[科托]	y

参 考 文 献

[1] 张旭峰. 大学物理实验[M]. 北京:机械工业出版社,2003.
[2] 吕斯骅. 基础物理实验[M]. 北京:北京大学出版社,2002.
[3] 耿完桢. 大学物理实验[M]. 哈尔滨:哈尔滨工业大学出版社,2003.
[4] 曾金根. 大学物理实验[M]. 上海:同济大学出版社,2001.
[5] 赵家凤. 大学物理实验[M]. 北京:科学出版社,2003.
[6] 何迪和. 物理实验[M]. 太原:山西科学技术出版社,1998.
[7] 赵杰. 大学基础物理实验[M]. 北京:北京航空航天大学出版社,2011.
[8] 周殿清. 基础物理实验[M]. 北京:科学出版社,2009.
[9] 高铁军,孟祥省,王书运. 近代物理实验[M]. 北京:科学出版社,2009.
[10] 戴玉蓉. 预备物理实验[M]. 南京:东南大学出版社,2011.